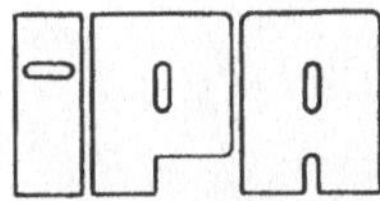

Forschung und Praxis · Band 54

Berichte aus dem Fraunhofer-Institut
für Produktionstechnik und Automatisierung,
Stuttgart, und dem Institut
für Industrielle Fertigung und Fabrikbetrieb
der Universität Stuttgart

Herausgeber: Prof. Dr.-Ing. H. J. Warnecke

Jürgen H. Kölle

Entwicklung von Verfahren zur Terminplanung und -steuerung bei flexiblen Montagesystemen

Mit 64 Abbildungen und 1 Faltplan

Springer-Verlag
Berlin Heidelberg New York 1981

Dipl.-Ing. Jürgen H. Kölle

Fraunhofer-Institut für Produktionstechnik und Automatisierung (IPA), Stuttgart

Dr.-Ing. H. J. Warnecke

o. Professor an der Universität Stuttgart
Fraunhofer-Institut für Produktionstechnik und Automatisierung (IPA), Stuttgart

D 93

ISBN-13 : 978-3-540-11227-3 **e-ISBN-13 : 978-3-642-81755-7**
DOI : 10.1007 / 978-3-642-81755-7

Gesamtherstellung: Drucken + Werben GmbH · Zettachring 12 · 7000 Stuttgart 80 (Fasanenhof-Industriegebiet) · Telefon (07 11) 715 69 06/07/08.

2362/3020—543210

Geleitwort des Herausgebers

Die Entwicklungen in der Produktionstechnik in den letzten Jahrzehnten haben entscheidend zur positiven wirtschaftlichen und sozialen Entwicklung in der Bundesrepublik Deutschland beigetragen. Die Produktivität konnte jedes Jahr um durchschnittlich etwa 3,5 % gesteigert werden. Mechanisierung und Automatisierung wurden und werden stetig weiter vorangetrieben. Während es sich bisher jedoch um Verbesserungen an einzelnen Maschinen und Anlagen sowie Verfahren handelte, werden heute alle Unternehmensbereiche erfaßt, und man ist bemüht, das gesamte System Unternehmen bzw. Produktionsbetrieb zu optimieren. Das klassische Bemühen um Optimierung des Einsatzes und Zusammenwirkens der Produktionsfaktoren Mensch, Maschine und Material muß heute erweitert werden um die Berücksichtigung sozialer Belange, gesetzlicher Auflagen, Probleme der Energieversorgung, schnellen Veränderungen an den Produkten und auf den Märkten sowie Sicherung der Qualität und der Lieferfähigkeit.

Von wissenschaftlicher Seite wird und muß dieses Bemühen unterstützt werden durch die Entwicklung von Methoden und Vorgehensweisen zur systematischen Analyse und Verbesserung des Systems Produktionsbetrieb. Hier ist heute insbesondere auch der Fertigungsingenieur gefordert, nicht nur einzelne Maschinen und Verfahren zu beherrschen, sondern das gesamte komplexe System hinsichtlich der Verknüpfung seiner Elemente durch zweckmäßigen Informations- und Materialfluß. Beispielhaft seien dazu nur hinsichtlich des Informationsflusses die heute gegebenen Möglichkeiten der Datenerfassung und -verarbeitung in Fertigungsplanung und -steuerung, an den einzelnen

Produktionsanlagen sowie im Qualitätswesen genannt. Im Materialfluß geht es um richtige Auswahl und Einsatz von Fördermitteln, Förderhilfsmitteln sowie Anordnung und Ausstattung von Lägern. Der weiteren Automatisierung in der Handhabung von Werkstücken und Werkzeugen sowie der Montage von Produkten wird in nächster Zukunft allergrößte Aufmerksamkeit geschenkt werden. Leistungsfähige Sensoren werden die Möglichkeiten dafür sehr stark vergrößern.

Die beiden vom Herausgeber geleiteten Institute, das Institut für Industrielle Fertigung und Fabrikbetrieb der Universität Stuttgart sowie das Fraunhofer-Institut für Produktionstechnik und Automatisierung in Stuttgart, arbeiten in grundlegender und angewandter Forschung intensiv an den aufgezeigten Entwicklungen in der Produktionstechnik mit. Zur Umsetzung gewonnener Erkenntnisse wird die Schriftenreihe "IPA Forschung und Praxis" herausgegeben. Der vorliegende Band setzt diese Reihe fort, eine Übersicht über bisher erschienene Titel wird am Schluß dieses Bandes gegeben.

Dem Verfasser sei für die geleistete Arbeit gedankt, dem Springer-Verlag für die Aufnahme dieser Schriftenreihe in seine Angebotspalette und der Druckerei für saubere und zügige Ausführung. Möge das Buch von der Fachwelt gut aufgenommen werden.

Hans-Jürgen Warnecke

Vorwort des Verfassers

Die vorliegende Arbeit entstand während meiner Tätigkeit als wissenschaftlicher Mitarbeiter am Fraunhofer-Institut für Produktionstechnik und Automatisierung (IPA), Stuttgart.

Herrn Prof. Dr.-Ing. H.J. Warnecke, dem Leiter des Institutes, bin ich für die wohlwollende Förderung und großzügige Unterstützung der Arbeit zu besonderem Dank verpflichtet.

Ebenfalls danken möchte ich Herrn Prof. DTech. h.c. Dipl.-Ing. K. Tuffentsammer für die eingehende Durchsicht der Arbeit und die sich daraus ergebenden Hinweise.

Ein herzlicher Dank geht auch an Herrn Prof. Dr.-Ing. H.-J. Bullinger für seine offene und konstruktive Kritik.

Bei allen Mitarbeitern des Institutes, die mir durch Kritik und stete Hilfsbereitschaft das Abfassen dieser Arbeit erleichtert haben, bedanke ich mich ebenfalls herzlich. Ganz besonders danken möchte ich Herrn Dr. phil., Dipl. phys. K. Kornwachs für seine große Diskussionsbereitschaft und wertvollen Anregungen.

Stuttgart, Juli 1981 J.H. Kölle

INHALTSVERZEICHNIS

Seite

0 ABKÜRZUNGEN UND FORMELGRÖSSEN

$\mathfrak{A}$	herkömmliches Terminplanungssystem
A	modifiziertes Terminplanungssystem
AA	Auftragseinplanung
AB	Verfügbarkeitskontrolle Material
AD	Arbeitsdaten
APL	Arbeitsplan
a,b,c .. z	Montagesysteme
a^1a .. a^1c	Subsysteme der Linienstruktur
a^2a .. a^2d	Subsysteme der Montagegruppenstruktur
a^3a .. a^3g	Subsysteme der Kombinationsstruktur
a^1am	Arbeitsplatz im Montagesystem a^1a im Arbeitsabschnitt m
$\mathfrak{B}$	herkömmliches Terminsteuerungssystem
B	Durchführungssystem
BA	Arbeitsverteilung
BB	Montagefortschrittsüberwachung
BC	Reaktion auf Störungen
$\mathfrak{C}$	herkömmliches Überwachungssystem
card	Kardinalzahl
DSR	Dispositionsspielraum durch Reihenfolgebestimmung
E_k	Vereinigungsmenge
E_{KV}	Vereinigungsmengen der Vormontagen
E_{KE}	Vereinigungsmengen der Endmontagen
EM	Endmontieren
ε_K	Anpassungsfähigkeitsgrad
ε_{KV}	Anpassungsfähigkeitsgrad der Vormontagen
ε_{KE}	Anpassungsfähigkeitsgrad der Endmontagen
ε_M	mittlere Anpassungsfähigkeit eines Montagesubsystems
$\varepsilon_{M_{ges}}$	mittlere Anpassungsfähigkeit eines Montagesystems
ε_{MV}	mittlere Anpassungsfähigkeit der Vormontagen
ε_{ME}	mittlere Anpassungsfähigkeit der Endmontagen

ε_{rv}	relative Vielseitigkeit
ε_{rv_a}	relative Vielseitigkeit des Montagesystems a
F	Auftragsbestand
f	Flexibilitätsgrad
G	Grundmenge von Erzeugnisvarianten
H	Grundmenge von Teilfunktionen eines Montagesubsystems
h	Index für Teilfunktionen
IfaA	Institut für angewandte Arbeitswissenschaft
i	Index für den Typ der Montagestruktur
j	Index für Erzeugnisvarianten
K	Ordnung der Schnittmengen
KONIN	Konsoleingabe
KONOUT	Konsolausgabe
k	Index für Montagesubsystem
L	Arbeitsbereich eines Montagesubsystems
LG	durchschnittlicher betrieblicher Leistungsgrad
M	Menge der Erzeugnisvarianten die auf einem Montagesystem montiert werden können
MA	Mitarbeiter
M_{abs}	Anzahl der Elemente der Menge M (Mächtigkeit)
MF_j	Montagefaktor der Erzeugnisvarianten V_j
MR	Montagerate
MOFAS	Programmsystem zur Montagesteuerung bei flexiblen Arbeitssystemen
MOFAS-W	Programm-Modul zur wochengenauen Auftragseinplanung
MOFAS-T	Programm-Modul zur tagesgenauen Steuerung
m	Arbeitsabschnitt eines Montagesubsystems
NTST	Teilestammdatei
NWPL	Eingabefile des Planungshorizonts für alle Montagesysteme

NZW 1	Zwischenfile Veränderungen
NZW 2	Ausgabefile des Planungshorizonts für alle Montagesysteme
NZW 3	Eingabefile der Planungsdaten
NZW 4	Ausgabefile der Planungsdaten
NZWNEU	Zwischenfile für den neuen Planungshorizont
n	Anzahl identischer Arbeitsplätze pro Arbeitsabschnitt
OUTPUT	Druckerausgabe
q	Auftragsindex
S_K	Schnittmenge K-ter Ordnung
SP	Anzahl Erzeugnisse im Montagesystem-Element
ST	Stückzahl
ST_q	Stückzahl eines Auftrags q
SW	Wirkungsgrad eines Montagesystems
T	Montagezeit
TM	Kapazitätsbedarf je Auftrag
TME	Kapazitätsbedarf je Woche
TZ	Durchlaufzeit
TF	Teilfunktionen eines Montagesubsystems
TST	Teilestammdaten
TPL	Tagesplan
TD	Tagesdaten
V_j	Erzeugnisvariante
VM	Vormontieren
VT	Vorgabezeit
WD	Wochendaten
WPL	Wochenplan
Z	Anzahl Mitarbeiter pro Montagesubsystem
$\{\ldots\}$	Elemente einer Menge
$\cup$	Konjunktion
$\subset$	Inclusion

1 EINLEITUNG

In den letzten Jahren hat sich die Bedeutung einzelner Einflußfaktoren auf die Produktion stark gewandelt. Demzufolge konzentrieren sich die Bemühungen der Unternehmen auf eine situationsgerechte Gestaltung der Produktionsstrukturen und ihrer Organisation mit dem Ziel, die Flexibilität in der Produktion zu erhöhen und besser auf veränderte Einflüsse reagieren zu können /1/.

Vor allem im Bereich der Montage wurden bereits zahlreiche neue, flexible Arbeitsstrukturen entwickelt und eingeführt. Sie zeichnen sich insbesondere dadurch aus, daß auch kleine Losgrößen wirtschaftlich montiert werden können und daß den Mitarbeitern in diesen Arbeitsstrukturen ein größerer Handlungs- und Entscheidungsspielraum angeboten werden kann. Diese Vorteile können bisher jedoch nur unzureichend genutzt werden, da die verfügbaren Systeme zur Terminplanung und -steuerung den veränderten Anforderungen flexibler Montagesysteme nicht genügen bzw. sogar entgegenwirken.

Im folgenden soll deshalb der Problembereich Terminplanung und -steuerung von flexiblen Montagesystemen in der Serienfertigung untersucht werden. Die zu entwickelnden Verfahren sollen einerseits dazu beitragen, die Flexibilität in der Montage besser zu nutzen und andererseits die Dispositionsspielräume der Werkstattmitarbeiter zu erhöhen.

2 BEGRIFFSBESTIMMUNGEN UND ABGRENZUNG DER PROBLEMSTELLUNG

2.1 Zu den Begriffen Montage und Flexibilität

Die M o n t a g e stellt, wie Bild 1 zeigt, einen Teilbereich des Produktionsprozesses dar und beinhaltet nach /2/ alle technischen und organisatorischen Maßnahmen, die unmittelbar zum Zusammenbau von Einzelteilen zu Baugruppen bzw. zu Enderzeugnissen erforderlich sind. Der auf den Materialfluß bezogene Bereich zwischen Teilefertigung und Fertigwarenlager wird im folgenden als M o n t a g e p r o z e ß bezeichnet. Der darin auftretende Vorgang M o n t i e r e n läßt sich gliedern in Teilvorgänge wie Handhaben, Fügen und Kontrollieren /3/.

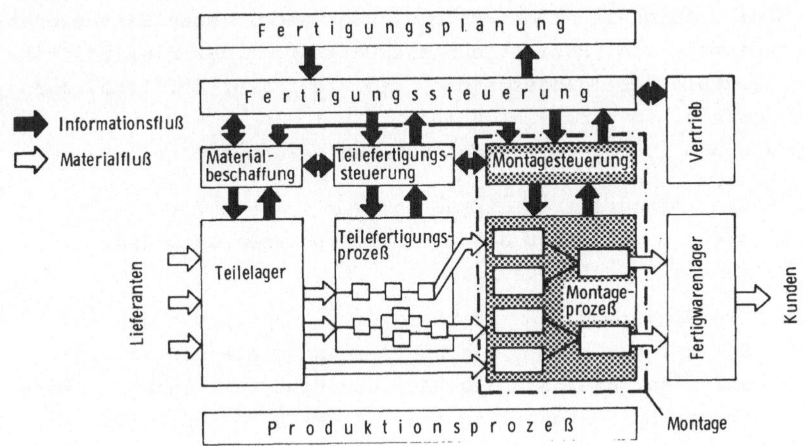

Bild 1: Eingliederung der Montage in den Produktionsprozeß

Die Abstimmung der Produktionsfaktoren im Montageprozeß nach Zeiten, Folgen, Mengen und Kapazitäten zur Durchführung von Montageaufträgen erfolgt durch die M o n t a g e s t e u e r u n g . Das vorherrschende Merkmal ist hier die Verarbeitung von Informationen zur Planung, Steuerung und Überwachung des Montageprozesses. Demzufolge ist die Montagesteuerung eingebettet in den Informationsfluß des gesamten Produktionsprozesses (vgl. Bild 1).

Als M o n t a g e s y s t e m e werden im folgenden Arbeitssysteme im Montageprozeß bezeichnet, deren Arbeitsaufgabe im Zusammenbau einer bzw. mehrerer unterschiedlicher Erzeugnisvarianten besteht. Zur Ausführung der Arbeitsaufgabe wirken Mensch und Arbeitsmittel als Elemente des Arbeitssystems in einer gemeinsamen Arbeitsumgebung zusammen /4/. Bereits bei der Gestaltung werden die Eigenschaften der Arbeitssysteme festgelegt. Dazu gehören insbesondere die F l e x i b i l i t ä t von Montagesystemen und die m e n s c h e n g e r e c h t e G e s t a l t u n g der Arbeitsbedingungen für die Mitarbeiter im Montagesystem.

Zur Vervollständigung der Begriffsklärung soll der Begriff Flexibilität definiert werden. Flexibilität beschreibt allgemein die Fähigkeit eines Systems, sich wechselnden Situationen rasch anzupassen. Bezieht man die Definition der Flexibilität für flexible Fertigungssysteme, wie sie in /5/ erfolgte, auf die Montage, so wird ein f l e x i b l e s M o n t a g e - s y s t e m durch zwei Eigenschaften gekennzeichnet:

- Ein Montagesystem ist um so v i e l s e i t i - g e r , je größer das Variantenspektrum ist, das montiert werden kann.
- Ein Montagesystem ist um so a n p a s s u n g s - f ä h i g e r , je schneller und einfacher es sich auf sich innerhalb des Variantenspektrums ändernde Anforderungen einstellen kann. Diese Anforderung bezieht sich dabei auf die zu montierenden Stückzahlen je Variante und die Anzahl unterschiedlicher Varianten pro Zeiteinheit.

Daraus folgt, daß ein Maß für die Flexibilität eines Montagesystems aus den Komponenten "Vielseitigkeit" und "Anpassungsfähigkeit" zusammengesetzt werden kann.

Die Aufgaben der M o n t a g e s t e u e r u n g können zum einen nach den Aufgaben "Materialbereitstellung" und "Terminierung" geordnet und zum anderen nach ihrem zeitlichen Auftreten in mittel- und kurzfristige Aufgaben gegliedert werden. (Bild 2).

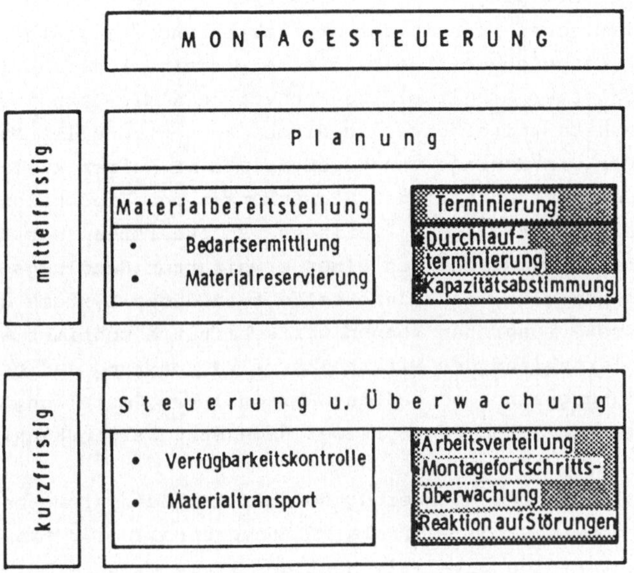

Bild 2: Aufgaben der Montagesteuerung

Im Rahmen der vorliegenden Arbeit sollen vor allem die Terminplanungs- und -steuerungsaufgaben der Montagesteuerung behandelt werden. In der herkömmlichen Terminplanung werden mittelfristig die Aufträge nach ihrem Durchlauf durch den Montageprozeß terminiert und mit den verfügbaren Kapazitäten abgestimmt. Im Rahmen der Arbeitsverteilung wird der Arbeitsbeginn der terminierten Aufträge in den einzelnen Montagesystemen veranlaßt. Dazu sind aktuelle Daten über den Montagefortschritt erforderlich, die durch die Montagefortschrittsüberwachung bereitgestellt werden.

2.2 Problematik der Terminplanung und -steuerung bei flexiblen Montagesystemen

In der Serienfertigung wurden Montagesysteme überwiegend nach dem Tayloristischen Prinzip der Arbeitsteilung /6/ gestaltet. Kleine fest vorgegebene Arbeitsinhalte und eine Vielzahl in Linie angeordneter Arbeitsplätze kennzeichnen die Arbeitssituation der Werkstattmitarbeiter in diesen konventionellen Montagesystemen. Für die Montage von Erzeugnissen mit einem kleinen Variantenspektrum und geringen Schwankungen des Produktionsprogramms einerseits, sowie "geringen" Anforderungen der Werkstattmitarbeiter hinsichtlich eines erweiterten Handlungs- und Entscheidungsspielraumes andererseits sind diese Systeme gut geeignet. Große Losgrößen können wirtschaftlich montiert werden, die Anlernzeiten der Mitarbeiter sind aufgrund der großen Arbeitsteilung gering, so daß das Personal bei Umstellungen und Störungen zwischen den Systemen umgesetzt werden kann.

Die Terminplanung und -steuerung solcher Montagesysteme bereitet insofern keine Probleme, als im Montageprozeß für ein Erzeugnis meist nur wenige parallele Montagesysteme existieren, für die aufgrund der großen Losgrößen nur eine geringe Anzahl von Aufträgen pro Planungszeitraum einzuplanen und zu steuern ist. Dazu werden aufgrund des geringen Planungsaufwands in der betrieblichen Praxis bisher überwiegend manuelle Verfahren eingesetzt /7/. Geplant wird überwiegend nach einer konstanten Tagesausbringung pro System, auf die die Anzahl der benötigten Mitarbeiter in Abhängigkeit vom Montageaufwand der jeweiligen Erzeugnisvariante abgestimmt wird. Die Planungsergebnisse werden als Balkenpläne oder in Listenform dargestellt, die manuell von den Disponenten erstellt werden.

In den letzten Jahren haben die Unternehmen erkannt, daß der starke Anstieg der Forderungen des Absatzmarktes hinsichtlich Variantenzahl, Lieferzeit und Stückzahlen nicht mehr mit konventionellen Montagelinien und entsprechenden Fertigwarenlagerbeständen bewältigt werden kann. Bild 3 zeigt dies am Beispiel eines Konsumgüterherstellers.

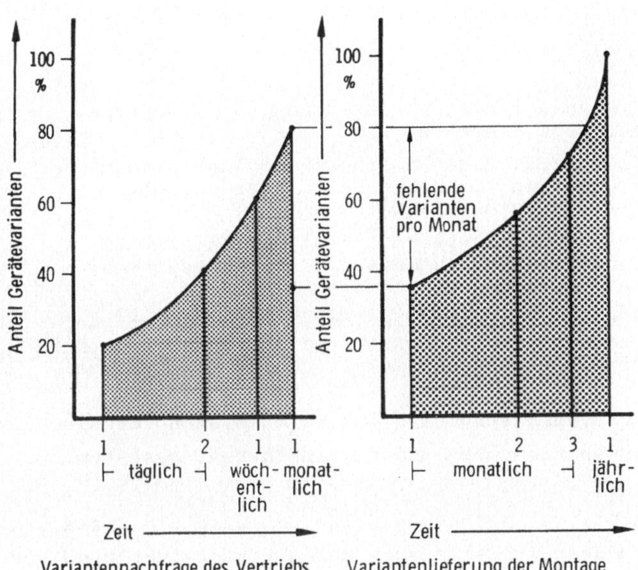

Bild 3: Gegenüberstellung von Nachfrage- und Ausbringungsverhalten der Montage

So werden z.B. vom Vertrieb monatlich 80 % der Erzeugnisvarianten gewünscht. Bei kostenoptimaler Montage stehen in diesem Zeitraum jedoch erst 35 % der geforderten Erzeugnisvarianten zur Verfügung. Die Lieferfähigkeit kann somit nur durch hohe Fertigwarenlagerbestände, die jedoch eine hohe Kapitalbindung zur Folge haben, gewährleistet werden.
Deshalb wurden in den letzten Jahren in zunehmendem Maße f l e x i b l e M o n t a g e s y s t e m e entwickelt und eingeführt (vgl. z.B. /4,8,9,10/). Die Eigenschaften dieser Systeme lassen sich wie folgt kennzeichnen:

- Kleine Losgrößen können wirtschaftlich montiert werden,
- in einem System können mehrere Varianten parallel bearbeitet werden,
- kurze Umrüstzeiten erlauben einen schnellen Variantenwechsel im Störfall.

Durch die Nutzung der hohen Vielseitigkeit und Anpassungsfähigkeit der Montagesysteme ergeben sich folgende Auswirkungen auf die Terminplanung und -steuerung (vgl. Bild 4):

- Die Anzahl der zu planenden und steuernden Aufträge nimmt zu,
- da kurzfristige Änderungen möglich sind und kleine Losgrößen bearbeitet werden, wächst die Planungshäufigkeit,
- es ist eine größere Anzahl von Kapazitätseinheiten (Montagesysteme und -subsysteme) zu planen und zu steuern,
- der Freiheitsgrad bei der Einplanung von Aufträgen auf die Kapazitätseinheiten steigt aufgrund der Vielseitigkeit der Montagesysteme.

Bild 4 zeigt einen Vergleich der Terminplanungsproblematik zwischen konventionellen und flexiblen Montagesystemen.

Neben flexibilitätsbezogenen Kriterien wird die Gestaltung von flexiblen Montagesystemen auch durch Berücksichtigung der Bedürfnisse der Werkstattmitarbeiter geprägt. Erfahrungen mit Montagesystemen, die unter der Zielsetzung Flexibilität und menschengerechte Arbeitsgestaltung entwickelt und eingeführt wurden, zeigen, daß neben einer hohen Flexibilität des Montageablaufs auch ein größerer Handlungsspielraum für die Werkstattmitarbeiter möglich wird (vgl. dazu z.B. /4/) und zwar durch

- Spielraum bezüglich Arbeitsumfang, -ablauf,
- Möglichkeit zu individueller Leistungsentfaltung,
- Übernahme dispositiver Tätigkeiten.

Untersuchungen /11/ haben andererseits auch die organisatorischen Probleme und die Grenzen hinsichtlich der Erweiterung des Handlungsspielraumes der Werkstattmitarbeiter und der Nutzung der Montagesystem-Flexiblität verdeutlicht. Neben technischen und produktspezifischen Randbedingungen sind diese Grenzen insbesondere durch die gegenwärtig eingesetzten Terminplanungs- und Steuerungssysteme gegeben. Diese Systeme wirken dem Streben nach Schaffung von Freiräumen und der Übertragung von

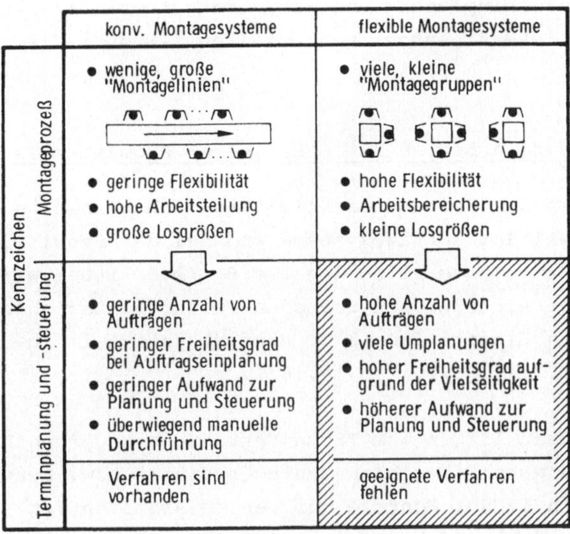

Bild 4: Zur Problematik der Terminplanung und -steuerung bei flexiblen Montagesystemen

Verantwortung auf die Werkstattmitarbeiter entgegen, indem sie jeden einzelnen Arbeitsvorgang "verplanen" und somit den "Produktionsfaktor Mensch" fremdbestimmen /12/.
Für flexible Montagesysteme sind demnach solche restriktiven und weitgehend starren Terminplanungs- und Steuerungssysteme kaum geeignet. Flexible Montagesysteme erfordern Verfahren zur Terminplanung und -steuerung, die zum einen die Flexibilität nicht durch organisatorische Starrheit einschränkt. Weiterhin dürfen Ansätze und Möglichkeiten einer menschengerechten Arbeitsgestaltung in Form von Arbeitsbereicherung und erweiterten Handlungs- und Entscheidungsspielräumen für die Werkstattmitarbeiter nicht durch ein deterministisches, restriktives Terminplanungs- und Steuerungssystem behindert und aufgehoben werden.

Außerdem soll mit diesen Verfahren der erhöhte Planungs- und Steuerungsaufwand für flexible Montagesysteme reduziert werden.

Verfahren zur Terminplanung und -steuerung flexibler Montagesysteme, die diese Eigenschaften erfüllen, sind bisher nicht bekannt.

2.3 Vorhandene Arbeiten zum behandelten Problemkreis

Der Schwerpunkt der Forschungsaktivitäten lag bisher bei der Gestaltung flexibler Montagesysteme und bei der Entwicklung geeigneter Projektierungshilfen (vgl. z.B. /2,4/). Des weiteren liegen aus unterschiedlichen Branchen Erfahrungsberichte über den praktischen Einsatz flexibler Montagesysteme im In- und Ausland vor (s. dazu z.B. /13,14,16/).

Im Vergleich dazu liegen zum Thema Fertigungssteuerung bzw. Montagesteuerung bei flexiblen Montagesystemen bzw. neuen Arbeitsstrukturen in der Montage nur wenige Arbeiten vor. Diese wiederum beschränken sich vorwiegend auf das Aufzeigen von Problemen und Lösungsansätzen.

In einer breit angelegten Studie /17/ über die Auswirkung der Gruppenfertigung auf die menschengerechte Arbeitsgestaltung, bei der Daten aus über 800 Unternehmen ausgewertet wurden, werden neben den positiven Erfahrungen mit der Gruppenfertigung auch die Probleme bei der Fertigungssteuerung angesprochen. Diese liegen in der Materialbereitstellung und in der Steuerung der Gruppen.

Warnecke, Kunerth, Graf /18/ zeigen auf, daß flexible Produktionsstrukturen in Teilefertigung und Montage neue Anforderungen an die Fertigungssteuerung stellen. Problemlösungen sehen sie vor allem im Aufbau integrierter Informationssysteme mit hierarchisch gegliederten Funktionsebenen und der EDV-technischen Realisierung in Form von Rechnerhierarchien.

Adena /19/ beleuchtet die Fertigungssteuerung unter dem Gesichtspunkt eines Regelkreises, in dem innerhalb der Fertigung

Arbeitsgruppen gebildet werden, die als planerische Einheit angesehen werden können. Die einzelnen Arbeitsgruppen übernehmen die Verantwortung für die Bearbeitung eines bestimmten Arbeitsvolumens in einem vorgegebenen Zeitraum. Auf dieser Basis skizziert er ein Konzept der Auftragsabwicklung von der Teilefertigung bis zur Montage.

Weitere Lösungsansätze werden von Kunerth und Lederer /20,21/ vorgeschlagen, indem sie die Anforderungen flexibler Arbeitsstrukturen an die Fertigungssteuerung detaillieren und Möglichkeiten der Übertragung dispositiver Tätigkeiten auf die Werkstattmitarbeiter aufzeigen. In /22/ vertieft Lederer diesen Ansatz und zeigt eine systematische Vorgehensweise zur Analyse des Ist-Zustands beim Einsatz flexibler Arbeitsstrukturen in Teilefertigung und Montage auf und entwickelt Lösungswege für die Fertigungssteuerung.
Während er für die Arbeitsvorratsbildung für eine Fertigungszelle in der Teilefertigung ein EDV-unterstütztes Verfahren vorstellt, beschränkt er sich bei der Montagesteuerung auf eine kurze Beschreibung der Probleme und Ansatzpunkte zu deren Lösung. Er schlägt vor, zur Planung und Steuerung flexibler Montagesysteme zunächst ein manuelles Verfahren anzuwenden; empfiehlt aber bei steigendem Planungsaufwand ein EDV-unterstütztes System, das den Disponenten die immer wiederkehrenden Aufgaben der Planung abnimmt. Ein solches System ist seiner Meinung nach so auszulegen, daß die eigentliche Belegung der Montagesysteme vom Disponenten im Dialog mit der EDV abgewickelt werden kann. Dadurch bleibe die Planung flexibel und der Disponent habe die Möglichkeit, seine betriebliche Erfahrung in den Planungsvorgang einzubringen.
Das Studium des Schrifttums hat ergeben, daß die Probleme der Montagesteuerung bei flexiblen Montagesystemen vielfach erkannt und auch teilweise behandelt werden. In nur wenigen Literaturstellen werden jedoch Lösungsansätze aufgezeigt. Arbeiten zur Lösung der Probleme der Terminplanung und -steuerung bei flexiblen Montagesystemen sind nicht vorhanden.

2.4 Ziel der Arbeit und Vorgehensweise

Ziel der vorliegenden Arbeit ist, Verfahren für die Terminplanung und -steuerung von flexiblen Montagesystemen in der Klein- bis Mittelserienfertigung zu entwickeln. Dazu wird die in Bild 5 dargestellte Vorgehensweise gewählt.

Um die Probleme der Terminplanung und -steuerung in der Montage zu präzisieren und Grundlagen für die Verfahrensentwicklung zu erarbeiten, wird der Produktionsbereich Montage detailliert untersucht. In einer systemtheoretischen Betrachtung werden Modellvorstellungen über den Montageprozeß und die Terminplanung und -steuerung entworfen. Für den Montageprozeß sind dabei insbesondere unterschiedliche Strukturen von Montagesystemen darzustellen und hinsichtlich ihrer Flexibilitätseigenschaften zu bewerten. Weiterhin sind die für die Terminplanung und -steuerung relevanten Größen des Montageprozesses zu ermitteln.

Die Modellvorstellung über die Terminplanung und -steuerung soll die betroffenen Aufgaben gegenüber den restlichen Aufgaben der Montagesteuerung abgrenzen und die Zusammenhänge der Subsysteme darstellen. Des weiteren sollen die in der Praxis angewandten Methoden zur Aufgabendurchführung diskutiert werden.

Auf der Basis der entwickelten Modellvorstellungen soll versucht werden, eine Hypothese über die Terminplanung und -steuerung als Grundlage für die Konzeptionsphase zu entwerfen.

Der zweite Teil der Untersuchungsphase umfaßt eine empirische Erhebung im Produktionsbereich Montage eines Serienfertigers. Mit Hilfe von Tätigkeits- und Informationsanalysen sollen vor allem Daten über den Aufwand der Terminplanung und -steuerung bei unterschiedlich strukturierten Montagesystemen erfaßt werden.

In der Konzeptionsphase ist, aufbauend auf den Ergebnissen der Untersuchungsphase, ein Modell der Terminplanung und -steuerung bei flexiblen Montagesystemen

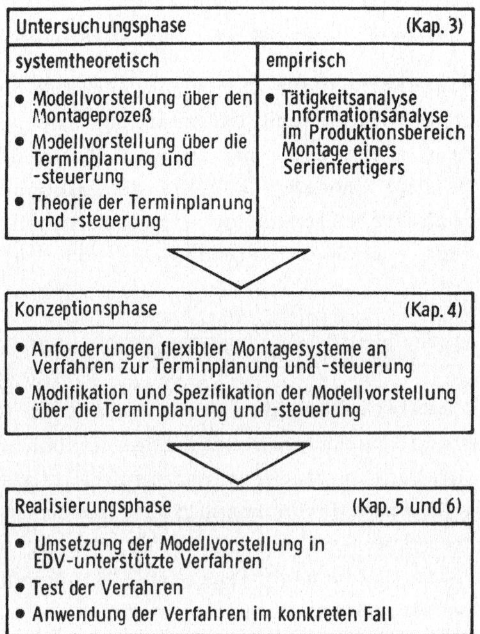

Bild 5: Vorgehensweise bei der Entwicklung von Verfahren zur Terminplanung und -steuerung bei flexiblen Montagesystemen

zu entwickeln. Dazu sind zunächst die Anforderungen, die aus der Untersuchungsphase zu erwarten sind, zu detaillieren. Anschließend werden sie um Anforderungen, die sich aus den produktionstechnischen und betriebssoziologischen Entwicklungen ableiten lassen, ergänzt.

Das Modell der Terminplanung und -steuerung ist dann so weit zu spezifizieren, daß es für den praktischen Einsatz umgesetzt werden kann.

In der R e a l i s i e r u n g s p h a s e sind EDV-unterstützte Verfahren zu entwickeln, zu testen und im bereits untersuchten Praxisfall anzuwenden.

3 UNTERSUCHUNG DES PRODUKTIONSBEREICHS MONTAGE

3.1 Modellvorstellung über den Produktionsbereich Montage

Für die systemtheoretische Betrachtung wird der Produktionsbereich Montage nach Material- und Informationsfluß gegliedert in den M o n t a g e p r o z e ß und in die M o n t a g e - s t e u e r u n g (vgl. Abschnitt 2.1). Im folgenden sollen für beide Systeme Modellvorstellungen entwickelt werden. Dazu werden die bereits mehrfach erprobten Methoden der Modellapproximation verwendet /23,24/.

3.1.1 Modellvorstellung über den Montageprozeß

Der Montageprozeß besteht nach der Struktur seines Materialflusses aus einem oder mehreren voneinander unabhängigen Montagesystemen, die ihrerseits wiederum unterschiedliche Gestaltungsmerkmale und Eigenschaften bezüglich Flexibilität und menschengerechter Arbeitsgestaltung aufweisen können. Bild 6 zeigt an einem Beispiel die erzeugnisorientierte Gliederung des Montageprozesses in verschiedene Montagesysteme.

Die Ableitung von Subsystemen eines Montagesystems a für die zweite Stufe der Modellapproximation kann nach den Kriterien A r t t e i l u n g und M e n g e n t e i l u n g /25/ erfolgen (vgl. linke Spalte von Bild 7). Gliedert man das Montagesystem a nach der A r t t e i l u n g auf der Ebene seiner Hauptfunktionen, so ergeben sich für das in Bild 7 dargestellte Beispiel 3 Subsysteme (a^1a, a^1b, a^1c) für die Vormontage der einzelnen Baugruppen sowie ein Subsystem (a^1d) für die Endmontage.

Bei einer Aufteilung der Montageaufgabe nach der M e n g e n - t e i l u n g führen vier p a r a l l e l e Subsysteme (a^2a, a^2b, a^2c, a^2d) a l l e anfallenden Montagefunktionen aus (vgl. Bild 7). Stellvertretend für die Kombinationsmöglichkeiten von A r t - und M e n g e n t e i l u n g wird die Gliederung der Vormontagefunktionen nach Artteilung und die der Endmontage nach Mengenteilung aufgezeigt. Daraus ergeben sich die Subsysteme a^3a bis a^3g.

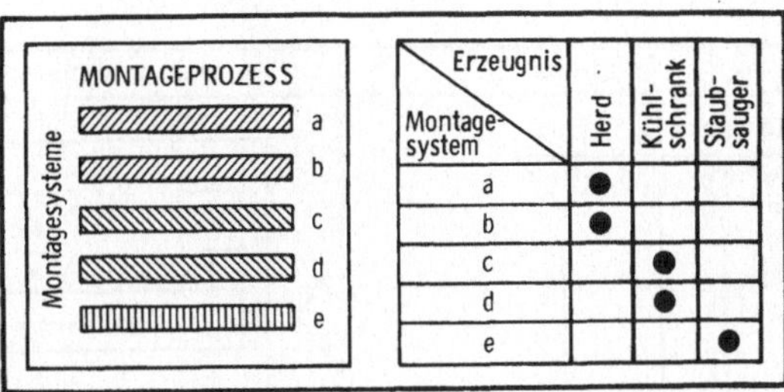

Bild 6: Gliederung des Montageprozesses in Montagesysteme, aufgezeigt am Beispiel für drei Erzeugnisse (1. Stufe der Modellapproximation)

Betrachtet man die Beziehungen der Subsysteme in den drei oben aufgezeigten Fällen, so sind unterschiedliche Strukturen zu erkennen (vgl. Bild 7, rechte Spalte).

Die Linienstruktur, die sich nach den aus der Artteilung ermittelten Subsystemen ergibt, stellt die in der Praxis häufig eingesetzte Fließfertigung dar. Die Vormontage der Baugruppen in den Subsystemen a^1a bis a^1c erfolgt meist zeitsynchron zur Endmontage im Subsystem a^1d.

Die Gruppenstruktur ist gekennzeichnet durch voneinander unabhängige Subsysteme a^2a bis a^2d, die für eine Teilmenge der Montageaufgabe des Montagesystems alle Funktionen durchführen. Auf diese Weise können unterschiedliche Erzeugnisvarianten parallel bearbeitet werden.

Dies ist auch bei der Kombinationsstruktur möglich, jedoch nur für die Endmontagefunktionen. Die Vormontage der Baugruppen erfolgt in den Subsystemen a^3a bis a^3c zentral für alle Endmontage-Subsysteme a^3d bis a^3g.

Die einzelnen Subsysteme a^ia und a^ja sind für i und j nicht identisch im Sinne der Funktion.

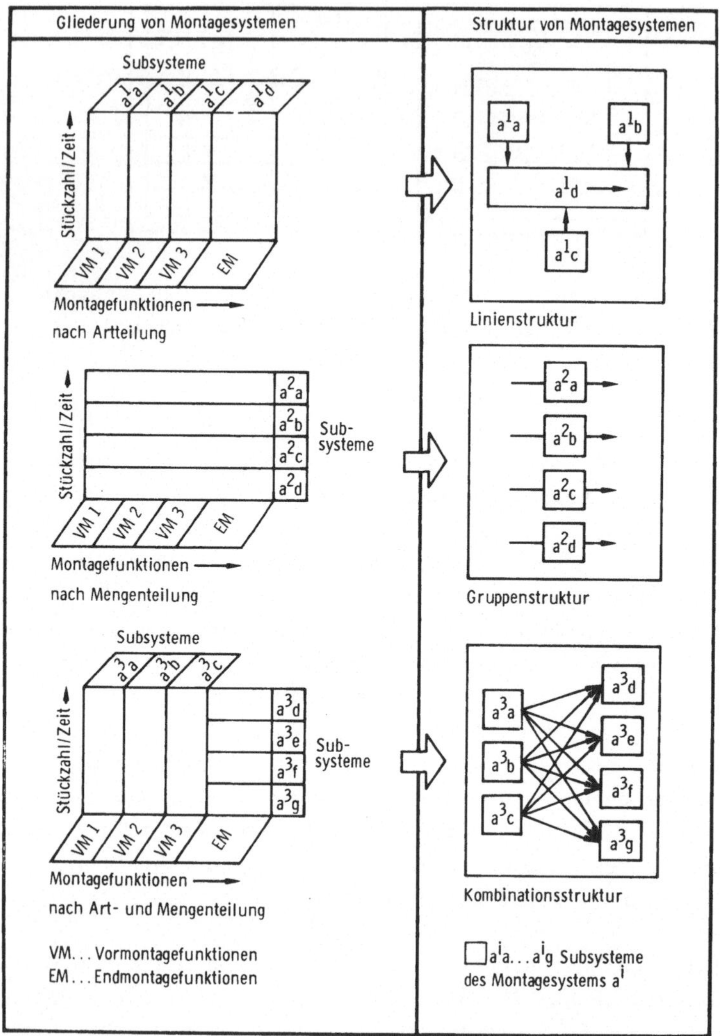

Bild 7: Gliederungsmöglichkeiten und Strukturen von Montagesystemen (2. Stufe der Modellapproximation)

In der dritten Stufe der Modellapproximation werden die einzelnen Subsysteme des Montagesystems in ihre Arbeitsplätze zerlegt. Wie auf der Montagesubsystem-Ebene kann die Montageaufgabe auch auf der Arbeitsplatz-Ebene nach Art- bzw. Mengenteilung oder einer Kombination auf die Arbeitsplätze verteilt werden. Bild 8 zeigt diese Aufteilung am Beispiel des Montagesystems a^1a vom Strukturtyp a^1. Das Montagesubsystem besteht aus m Arbeitsabschnitten, in denen die unterschiedlichen Teilfunktionen der Montageaufgabe ausgeführt werden. Die Arbeitsabschnitte sind durch Werkstückpuffer voneinander getrennt. Pro Arbeitsabschnitt sind, je nach Art der Montageaufgabe und Auslegung des Montagesubsystems, n identische Arbeitsplätze vorhanden.

Da nach der Problemstellung der vorliegenden Arbeit vermieden werden soll, jeden einzelnen Arbeitsplatz terminlich zu planen und zu steuern, um Handlungs- und Entscheidungsspielräume für die Montagemitarbeiter zu schaffen, ist eine Detaillierung der Montagesysteme bis zur 2. Stufe der Modellapproximation ausreichend.

Die Funktionen der Terminplanung und -steuerung werden deshalb auf die einzelnen Subsysteme eines Montagesystems bezogen. Diese Subsysteme, deren Modellvorstellung in Bild 8 an einem Beispiel dargestellt ist, werden im folgenden als *Montagesystem-Elemente* bezeichnet.

Die Zahl der Arbeitsplätze pro Montagesystem-Element errechnet sich aus der Summe der identischen Arbeitsplätze n über alle Arbeitsabschnitte m. Das kleinste Montagesystem-Element mit einem Arbeitsabschnitt und einem Arbeitsplatz wird durch einen Komplettmontageplatz für eine Baugruppe bzw. ein Enderzeugnis gebildet.

Neben der technischen Gestaltung bestimmt die *Organisation des Arbeitsablaufes* die Arbeit des Menschen im Montagesystem-Element. Zu unterscheiden ist dabei zwischen Einzelarbeit und Gruppenarbeit. Bei der *Einzelarbeit* führt ein Mitarbeiter eine festgelegte genau ab-

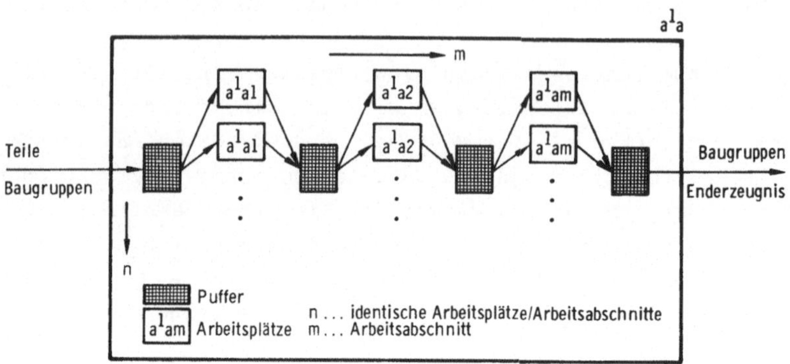

Bild 8: Modellvorstellung über ein Montagesubsystem (Beispiel a^1a)
3. Stufe der Modellapproximation

gegrenzte Aufgabe an einem Arbeitsplatz durch, während bei G r u p p e n a r b e i t mehrere Mitarbeiter eine Arbeitsgruppe bilden und bei der Durchführung der Montageaufgabe kooperieren.

Nach der Abgrenzung und Detaillierung des Montageprozesses wird nun auf seine Flexibilitätseigenschaft näher eingegangen. Dabei wird insbesondere versucht, die Flexibilität von Montagesystemen zu quantifizieren. Dazu wird auf den Ansatz bei flexiblen Fertigungssystemen in /5/ zurückgegriffen.

3.1.2 Quantifizierung der Flexibilität von Montagesystemen

Die bereits in Abschnitt 2.1 aufgeführten Eigenschaften flexibler Montagesysteme - Vielseitigkeit und Anpassungsfähigkeit - sollen im folgenden mit Hilfe eines mengentheoretischen Ansatzes beschrieben werden. Im Anschluß daran erfolgt eine Bewertung der Flexibilität von Montagesystemen über ihre unterschiedlichen Strukturen.

Zur Beschreibung der V i e l s e i t i g k e i t eines Montagesystems wird ausgegangen von einer Grundmenge G von Erzeugnisvarianten V, die im Montageprozeß eines Betriebes zu montieren sind.

$$G = \left\{ V_j \right\} \quad j = 1 \ldots z \tag{1}$$

V_j ist eine Erzeugnisvariante eines Betriebes.

Vergleicht man nun die Anforderungen dieses Erzeugnisvariantenspektrums mit den Eigenschaften einzelner Montagesysteme, so läßt sich ermitteln, welche Erzeugnisvarianten von e i n e m Montagesystem montiert werden können. Diese Varianten werden in der Menge M eines Montagesystems a zusammengefaßt:

$$M_a = \left\{ V_j \right\} \quad j = 1 \ldots y, \; 1 \leq y \leq z \, . \tag{2}$$

Als Maßzahl der Vielseitigkeit eines Montagesystems gilt die Anzahl Elemente der Menge M (Mächtigkeit der Menge M).

$$M_{abs} = \text{card } M$$

card = Kardinalzahl

M_{abs} drückt aus, wieviel Erzeugnisvarianten der Grundmenge G auf einem Montagesystem montiert werden können.

Die relative Vielseitigkeit (ε_{rv_a}) ergibt sich aus dem Verhältnis der Mächtigkeit der Teilmenge M_a zur Mächtigkeit der Grundmenge G:

$$\varepsilon_{rv_a} = \frac{\text{card } M_a}{\text{card } G} \tag{3}$$

a, b, c ... Montagesysteme

Ein Montagesystem ist demzufolge um so v i e l s e i t i g e r , je größer ε_{rv_a} ist.

In der Quantifizierung der A n p a s s u n g s f ä h i g k e i t soll zum Ausdruck kommen, wie gut sich ein Montagesystem an wechselnde Anforderungen, die innerhalb des zu montie-

renden Erzeugnisvariantenspektrums auftreten, anpassen kann. Dazu muß die Struktur des Montagesystems berücksichtigt werden. Da die Montagesubsysteme durch teilweise gerichtete Beziehungen verknüpft sind (vgl. Bild 7), ist ihre Ersatzbarkeit, die im Rahmen der Anpassungsfähigkeit eine wesentliche Rolle spielt, eingeschränkt.
Die Subsysteme eines Montagesystems a führen die Teilfunktionen TF zur "Vormontage" und "Endmontage" einer bestimmten Teilmenge M_a von Erzeugnisvarianten aus.

Für die Grundmenge H aller Teilfunktionen der Montagesubsysteme auf der zweiten Stufe der Modellapproximation gilt dann:

$$H = \left\{ TF_h \right\}_{h = 1 \ldots x} \tag{4}$$

Die Grundmenge H ist wiederum Vereinigungsmenge aller Mengen L, die als Arbeitsbereiche der einzelnen Subsysteme eines Montagesystems bezeichnet werden.

$$H \subset L_{aa} \subset L_{ab} \subset \ldots \subset L_{az} \tag{5}$$

aa, ab ... az sind Subsysteme des Montagesystems a

Die Arbeitsbereiche L enthalten alle Teilfunktionen TF_h, die von e i n e m Montagesubsystem ausgeführt werden können.

$$L = \left\{ TF_h \right\}_{h = 1 \ldots w}, \qquad 1 \leq w \leq x \tag{6}$$

Die Anpassungsfähigkeit eines Montagesystems hängt einerseits vom Grad der gegenseitigen Ersetzbarkeit seiner Subsysteme ab, zum anderen von der Fähigkeit, Erzeugnisvarianten gleichzeitig auf parallelen Subsystemen zu montieren.

Da in der L i n i e n s t r u k t u r und K o m b i n a t i o n s s t r u k t u r von Montagesystemen gerichtete Beziehungen zwischen den einzelnen Subsystemen auftreten, muß bei der Vereinigung der Schnittmengen (s. /5/) zwischen Subsystemen mit reinen Vormontage- und reinen Endmontagefunktionen getrennt werden.

Demzufolge erhält man einen Anpassungsfähigkeitsgrad ε_{KV} für die Vormontage und einen Anpassungsfähigkeitsgrad ε_{KE} für die Endmontage jeweils K-ter Ordnung.

Die Vereinigungsmenge E_{KV} wird durch die Schnittmengen S_K K-ter Ordnung gebildet.

$$E_{KV} = \bigcup_{K = 2, \ldots, k} S_K \tag{7}$$

und stellt die Menge der von mindestens K Subsystemen zur Vormontage montierbaren Baugruppenvarianten dar.

Bezogen auf die Anzahl der Elemente der Grundmenge H ergibt sich für den Anpassungsfähigkeitsgrad ε_{KV}

$$\varepsilon_{KV} = \frac{\text{card } E_{KV}}{\text{card } H} \tag{8}$$

Für den Anpassungsfähigkeitsgrad $_{KE}$ der Endmontage gilt analog

$$\varepsilon_{KE} = \frac{\text{card } E_{KE}}{\text{card } H} \tag{9}$$

Da die Anpassungsfähigkeitsgrade höherer Ordnung mehr zur Flexibilität beitragen als solche niedrigerer Ordnung werden die Schnittmengen höherer Ordnung stärker gewichtet. Die Berechnung der Anpassungsfähigkeit erfolgt durch eine gewichtete Mittelwertbildung nach /5/:

$$\varepsilon_M = \frac{1}{k - 1} \cdot \sum_{K=2}^{k} \varepsilon_K \tag{10}$$

sowohl für Vor- und Endmontagesubsystem (ε_{MV} + ε_{ME}).

Die mittlere Anpassungsfähigkeit ε_M eines gesamten Montagesystems ergibt sich aus den Mittelwerten der Anpassungsfähigkeit für Vor- und Endmontage.

$$\varepsilon_M \text{ ges.} = \frac{\varepsilon_{MV} + \varepsilon_{ME}}{2} \tag{11}$$

Faßt man die relative Vielseitigkeit ε_{rv_a} und die mittlere Anpassungsfähigkeit $\varepsilon_{M\ ges.}$ als Flexibilitätsgrad f eines Montagesystems zusammen, so gilt:

$$f = \frac{(\varepsilon_{rv_a} + \varepsilon_{M\ ges.})}{2} \tag{12}$$

(Der Flexibilitätsgrad f eines Montagesystems steht in keinem Zusammenhang mit dem Wirkungsgrad des Systems).

Im folgenden sollen nun die drei definierten Strukturen von Montagesystemen (vgl. Bild 7) mit Hilfe des mengentheoretischen Ansatzes an einem Beispiel hinsichtlich ihrer Flexibilität bewertet werden (s. Bild 9). Dabei wird davon ausgegangen, daß in den einzelnen Strukturen a^1, a^2 und a^3 des Montagesystems a die gleichen Erzeugnisvarianten der Grundmenge G montiert werden können. Für die relative Vielseitigkeit ε_{rv} wird der Wert 0,5 angenommen. Weiterhin wird in jeder der 3 Montagestrukturen die gleiche Grundmenge H an Teilfunktionen TF zur Montageausführung durchgeführt, wobei die Teilfunktionen 1 bis 10 die Vormontage und die Teilfunktionen 11 bis 20 die Endmontage betreffen. Als Arbeitsbereich L für die einzelnen Subsysteme der Montagestrukturen wurde ein unterschiedlicher Umfang an Teilfunktionen festgelegt. Aufgrund dieser Annahme lassen sich nach Gleichung (7) die Vereinigungsmengen E_K für die Vor- und Endmontagesysteme ermitteln. Der Anpassungsfähigkeitsgrad ε_{KV} bzw. ε_{KE} drückt aus, inwieweit sich Subsysteme in bezug auf Teilfunktionen zur Montage von Erzeugnisvarianten ersetzen können (Gleichung 8 und 9).

Nach Gleichung (10) ergibt sich daraus die Anpassungsfähigkeit ε_M für die Vor- bzw. Endmontage und nach Gleichung (11) die mittlere Anpassungsfähigkeit des gesamten Montagesystems $\varepsilon_{Mges.}$ Aus der relativen Vielseitigkeit und der mittleren Anpassungsfähigkeit läßt sich dann nach Gleichung (12) der Flexibilitätsgrad f der untersuchten Montagestrukturen errechnen.

Wie Bild 9 zeigt, ergibt sich für die Gruppenstruktur a^2 die höchste Flexibilität. Dies ist vor allem darauf zurückzuführen,

Flexibilitätsvergleich von Montagesystemen mit verschiedenen Strukturen					
Montagesystem a mit	Linienstruktur a^1 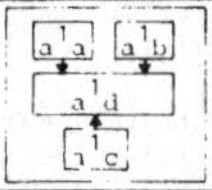		Gruppenstruktur a^2 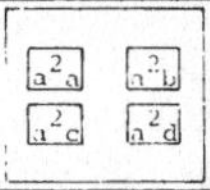	Kombinationsstruktur a^3 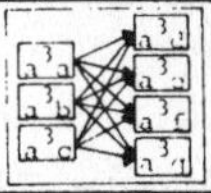	
relative Vielseitigkeit ε_{rv}	0,5		0,5	0,5	
Grundmenge H	$H = \{1, 2, \ldots 20\}$		$H = \{1, 2, \ldots 20\}$	$H = \{1, 2, \ldots 20\}$	
TF: Teilfunktionen	Ziffer 1, 2, ... 10 ≙ TF der Vormontage Ziffer 11, 12, ... 20 ≙ TF der Endmontage				
Arbeitsbereiche L	$L_{a^1_a} = \{1, 2, 3, 4, 5, 6\}$ $L_{a^1_b} = \{4, 5, 6, 7\}$ $L_{a^1_c} = \{7, 8, 9, 10\}$ $L_{a^1_d} = \{11, 12, \ldots 20\}$		$L_{a^2_a} = \{1, 2, \ldots 20\}$ $L_{a^2_b} = \{1, 2, \ldots 20\}$ $L_{a^2_c} = \{1, 2, \ldots 20\}$ $L_{a^2_d} = \{1, 2, \ldots 20\}$	$L_{a^3_a} = \{1, 2, \ldots 10\}$ $L_{a^3_b} = \{1, 2, \ldots 10\}$ $L_{a^3_c} = \{1, 2, \ldots 10\}$ $L_{a^3_d} = \{11, 12, \ldots 20\}$ $L_{a^3_e} = \{11, 12, \ldots 20\}$ $L_{a^3_f} = \{11, 12, \ldots 20\}$ $L_{a^3_g} = \{11, 12, \ldots 20\}$	
Vereinigungsmengen E_K	Vormontage	Endmontage	Vor- und Endmontage	Vormontage	Endmontage
	$E_{2V} = \{4, 5, 6, 7\}$ $E_{3V} = \{\emptyset\}$	$E_{2E} = \{\emptyset\}$ $E_{3E} = \{\emptyset\}$	$E_{2V/E} = \{1, 2, \ldots 20\}$ $E_{3V/E} = \{1, 2, \ldots 20\}$ $E_{4V/E} = \{1, 2, \ldots 20\}$	$E_{2V} = \{1, \ldots 10\}$ $E_{3V} = \{1, \ldots 10\}$	$E_{2E} = \{11, \ldots 20\}$ $E_{3E} = \{11, \ldots 20\}$ $E_{4E} = \{11, \ldots 20\}$
Anpassungsfähigkeitsgrad der Vor- bzw. Endmontage $\varepsilon_{KV}, \varepsilon_{KE}$	$\varepsilon_{2V} = 0,2$ $\varepsilon_{3V} = 0$	$\varepsilon_{2E} = 0$ $\varepsilon_{3E} = 0$	$\varepsilon_{2V/E} = 1,0$ $\varepsilon_{3V/E} = 1,0$ $\varepsilon_{4V/E} = 1,0$	$\varepsilon_{2V} = 0,5$ $\varepsilon_{3V} = 0,5$	$\varepsilon_{2E} = 0,5$ $\varepsilon_{3E} = 0,5$ $\varepsilon_{4E} = 0,5$
Vor- bzw. Endmontageanpassungsfähigkeit $\varepsilon_{MV}, \varepsilon_{ME}$	$\varepsilon_{MV} = 0,1$	$\varepsilon_{ME} = 0$	$\varepsilon_{MV/E} = 1,0$	$\varepsilon_{MV} = 0,5$	$\varepsilon_{ME} = 0,5$
Anpassungsfähigkeit ε_{Mges}	$\varepsilon_{Mges} = 0,05$		$\varepsilon_{MV/E} = \varepsilon_{Mges} = 1,0$	$\varepsilon_{Mges} = 0,5$	
Flexibilitätsgrad f	f = 0,3		f = 0,75	f = 0,5	

Bild 9: Beispiel für den Flexibilitätsvergleich von Montagesystemen mit verschiedenen Strukturen

daß die Arbeitsbereiche der Subsysteme a^2a ... a^2d jeweils alle Teilfunktionen TF, die im Gesamtsystem anfallen, beinhalten. Da dadurch Erzeugnisvarianten parallel bearbeitet werden können, ergibt sich eine Anpassungsfähigkeit $\varepsilon_{M_{ges.}}$ von 1.

Die Kombinationsstruktur weist in diesem Beispiel die zweithöchste Flexibilität auf, da die jeweiligen Subsysteme a^3a bis a^3g in Vormontage und Endmontage eine Anpassungsäfhigkeit ε_{MV} bzw. ε_{ME} von 0,5 besitzen. Auch hier können unterschiedliche Baugruppen und Enderzeugnisse parallel montiert werden.

Wie dieses Beispiel zeigt, kann der in /5/ aufgezeigte Ansatz zur Bewertung der Flexibilität von flexiblen Fertigungssystemen in der oben dargestellten abgewandelten Form auch zur Bewertung von Strukturen flexibler Montagesysteme angewandt werden.

3.1.3 Entscheidende Größen im Montageprozeß

Im folgenden werden die für die Terminplanung und -steuerung relevanten Größen der verschiedenen Montagesysteme im Montageprozeß beschrieben. Sie lassen sich in drei Kategorien gliedern:

- Größen, die das Montagesystem kennzeichnen,
- Größen, die den Aufwand der Terminplanung und -steuerung beeinflussen,
- Größen, die als Grundlage zur Terminplanung und -steuerung dienen.

Größen, die das Montagesystem kennzeichnen

Zu diesen Größen gehören insbesondere

- Anzahl Mitarbeiter und Arbeitsplätze,
- zu montierende Losgrößen,
- Anzahl Aufträge pro Monat,
- Anzahl Varianten,
- Anzahl Änderungen des Montageprogrammes,
- Vorgabezeiten.

Größen, die den Aufwand der Terminplanung und -steuerung beeinflussen

Der Aufwand für die Terminplanung und -steuerung wird von seiten des Montageprozesses im wesentlichen durch die Anzahl und die Flexibilität der Montagesysteme beeinflußt. Es kann die Hypothese aufgestellt werden, daß dieser Aufwand mit der Anzahl der Montagesysteme im Montageprozeß und mit der Höhe ihrer Flexibilität wächst.
Der Planungsaufwand hängt deshalb stark von der Flexibilität von Montagesystemen ab, da Systeme mit einer hohen Vielseitigkeit und Anpassungsfähigkeit im selben Zeitraum mehr Aufträge bearbeiten können als starre Systeme. Außerdem muß zur Nutzung einer hohen Flexibilität der Planungszyklus verkürzt werden, damit steigt der Planungsaufwand ebenfalls.

Neben den oben angeführten Größen beeinflussen die im Montageprozeß auftretenden Störungen den Steuerungsaufwand. Zu den Störungsursachen zählen

- fehlendes oder fehlerhaftes Material,
- Betriebsmittelausfälle und
- fehlendes Personal.

In den betreffenden Montagesystemen können Auswirkungen wie Stillstandszeiten, verminderte Ausbringung und Qualitätsverluste, die sich durch diese Störung ergeben, ermittelt werden.

Größen, die als Grundlagen zur Terminplanung und -steuerung dienen

Grundlagen für die terminliche Einplanung von Aufträgen auf einzelne Montagesysteme bzw. auf deren Subsysteme bildet einerseits der durch das Auftragsvolumen bestimmte Kapazitätsbedarf und andererseits der durch den Zustand des Montagesystems bedingte Kapazitätsbestand im jeweiligen Planungszeitraum.
In der betrieblichen Praxis sind zwei Arten gebräuchlich, um den Kapazitätsbestand von personalintensiven Montagesystemen in der Serienfertigung anzugeben. Bei der einen Art wird der Kapazitätsbestand als Ausbringung in Stück/Tag und Montagesystem

bzw. Montagesubsystem durch Abtaktung ermittelt und über den Planungszeitraum möglichst konstant gehalten. Der unterschiedliche Montageaufwand von Erzeugnisvarianten, die während dieses Planungszeitraums montiert werden, wird durch den variablen Personaleinsatz ausgeglichen. Diese Art der Kapazitätsangabe erfolgt vor allem bei "starren" Linienmontagesystemen, um ein wiederholtes Abtakten zu vermeiden.

Bei der zweiten Art der Kapazitätsangabe wird vom aktuellen Personalbestand im Montagesystem ausgegangen. Aus den Größen

- Anzahl Mitarbeiter im Montagesystem bzw. Montagesubsystem,
- durchschnittlicher Leistungsgrad der Mitarbeiter,
- Arbeitszeit pro Tag

läßt sich der jeweils verfügbare Kapazitätsbestand errechnen. Diese Art der Berechnung ist vor allem bei flexiblen Montagesystemen anzuwenden, um die Ausbringung pro Zeiteinheit bei jeder Planung anhand der aktuellen kapazitätsbestimmenden Größen zu berechnen.

3.1.4 Modellvorstellung über das herkömmliche System zur Terminplanung und -steuerung von Montageprozessen

Aufgabe der Terminplanung und -steuerung innerhalb der Montagesteuerung ist, Montageaufträge auf die einzelnen Montagesysteme terminlich einzuplanen, ihren Montagebeginn termingerecht zu veranlassen und ihre Ausführung zu überwachen. Wie Bild 10 zeigt, kann das System "Terminplanung und -steuerung" nach seinen Teilfunktionen in die Subsysteme Planung, Steuerung und Überwachung gegliedert werden, die durch Informationsflüsse untereinander verknüpft sind und mit der Systemumgebung in Beziehung stehen.

Das Subsystem P l a n u n g (Bild 11) erhält Soll-Daten vom übergeordneten Fertigungssteuerungssystem, über die in einem bestimmten Zeitraum zu montierenden Aufträge. Anhand dieser Mengen- und Terminvorgaben wird zunächst die Materialverfügbarkeit kontrolliert. Anschließend werden die Aufträge geeigneten Mon-

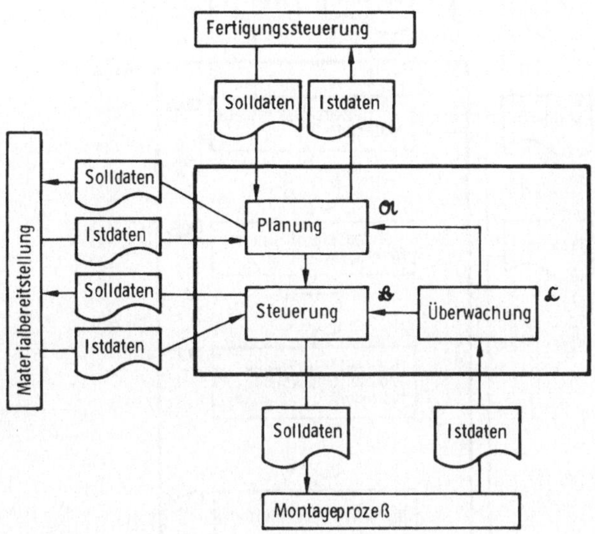

Bild 10: Modell des herkömmlichen Systems zur Terminplanung und -steuerung von Montageprozessen (1. Approximationsstufe)

tagesystemen zugeordnet. Pro Montagesystem wird dann die Bearbeitungsreihenfolge unter Berücksichtigung von Kriterien wie

- externe Priorität (z.B. Eilauftrag),
- Umrüstungsaufwand,
- Materialverfügbarkeit,
- Losgröße

festgelegt. Nach der Ermittlung der erforderlichen Montagezeit pro Auftrag erfolgt eine Abstimmung des Kapazitätsbedarfs auf den Kapazitätsbestand des Montagesystems. Ergebnis der Planung ist das sogenannte Montageprogramm, das tagesgenau die pro Montagesystem zu montierenden Stückzahlen enthält.
Zur Durchlaufzeitermittlung und Kapazitätsabstimmung sind für Montageprozesse zwei Methoden bekannt (s. z.B. /8/).

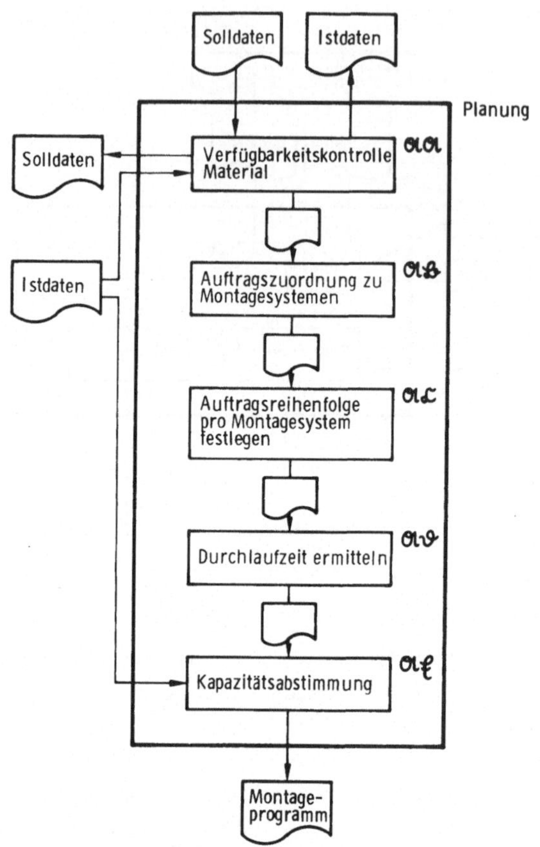

Bild 11: Modell des herkömmlichen Terminplanungs- und Steuerungssystems von Montageprozessen, S u b s y s t e m P l a n u n g (2. Approximationsstufe)

Methode A (konstante Tagesstückzahl) geht aus von einer konstanten Ausbringung eines Montagesystems pro Zeiteinheit (z.B. Tag) über einen bestimmten Zeitraum (z.B. 1 Monat). Dadurch kann die Aufteilung der Arbeitsinhalte auf die einzelnen Arbeitsplätze (Taktung) über einen langen Zeitraum konstant gehalten werden. Leistungs- und Qualitätsverluste, die bei Taktungsänderungen auftreten, werden dadurch vermieden. Treten beim Wechsel von einer Variante auf eine nachfolgende zusätzliche Arbeitsgänge auf, so sind die betroffenen Arbeitsplätze mit zusätzlichen Mitarbeitern zu besetzen. Fallen aufgrund eines geringeren Montageaufwands Arbeitsgänge weg, so müssen vorhandene Mitarbeiter an den betroffenen Arbeitsplätzen in ein anderes Montagesystem bzw. Subsystem umgesetzt werden (vgl. Bild 12).

Bei dieser Methode ist der Aufwand zur Durchlaufzeitermittlung und Kapazitätsabstimmung aufgrund der konstanten Ausbringung sehr gering; die Durchführung dieser Aufgaben erfolgt demzufolge meist manuell. Aufgrund der Umsetzung von Mitarbeitern in Abhängigkeit vom Montageaufwand der zu montierenden Erzeugnisvariante tritt ein entsprechend hoher Aufwand im Subsystem "Steuerung" zur Steuerung des Personaleinsatzes auf.

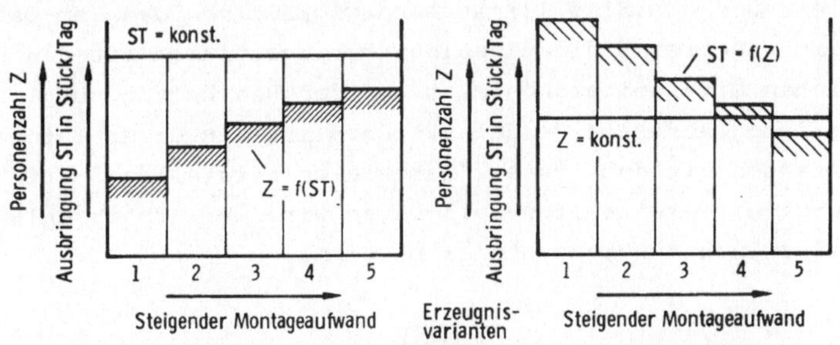

Bild 12: Prinzipielle Darstellung der Abhängigkeiten von Personaleinsatz und Stückzahl (Ausbringung) bei der Montage von Erzeugnisvarianten mit unterschiedlichem Montageaufwand

Methode B (<u>variable</u> Tagesstückzahl) geht vom vorhandenen Personalbestand und den zu montierenden Erzeugnisvarianten aus und ermittelt daraus die Abhängigkeit des jeweiligen Montageaufwands für die täglich zu erbringende Stückzahl pro Montagesystem.

Der Nachteil dieser Methode liegt darin, daß, bei gleichbleibender Personenzahl pro Montagesystem, beim Wechsel der Erzeugnisvarianten der Arbeitsinhalt pro Arbeitsplatz neu festgelegt werden muß. Dadurch entsteht im System "Planung" ein hoher Aufwand.

In flexiblen Montagesystemen, in denen eine Gruppe von qualifizierten Mitarbeitern an wenigen Arbeitsplätzen große Arbeitsinhalte ausführt und eine Baugruppe bzw. ein Endprodukt komplett montiert, kann der oben erwähnte Aufwand dadurch reduziert werden, daß durch die höhere Qualifikation der Mitarbeiter Taktverluste innerhalb des Systems entfallen und die Mitarbeiter die anfallenden Arbeitsaufgaben selbst untereinander aufteilen. Der Vorteil der Methode B liegt darin, daß auf diese Weise Arbeitsgruppen in ihrer personellen Besetzung konstant gehalten werden können.

Anhand der Soll-Daten des Montageprogramms werden im Subsystem S t e u e r u n g (Bild 13) in Abhängigkeit von den Ist-Daten aus dem Montageprozeß die einzelnen Montagesysteme mit den erforderlichen Mitarbeitern besetzt und der Bearbeitungsbeginn der jeweiligen Aufträge veranlaßt. Dazu ist ein enger Informationsaustausch mit dem System "Materialbereitstellung" erforderlich. Durch die ermittelten Soll-Daten wird der Arbeitsablauf in den einzelnen Montagesystemen bestimmt.

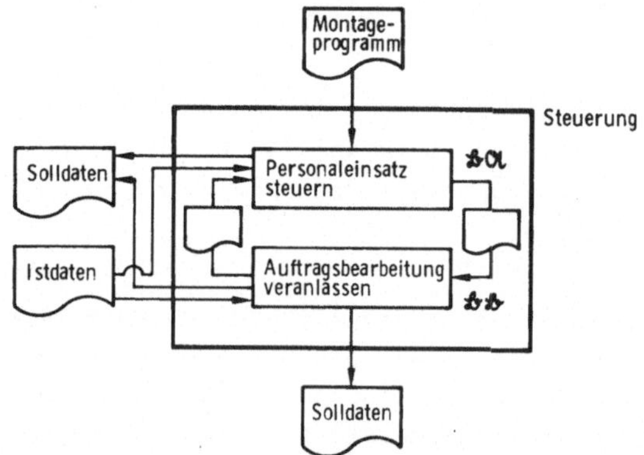

Bild 13: Modell des herkömmlichen Terminplanungs- und -steuerungssystems von Montageprozessen, Subsystem S t e u e r u n g (2. Approximationsstufe)

Aufgabe des Subsystems Überwachung (Bild 14) ist, den Soll- mit dem Ist-Zustand in den einzelnen Montagesystemen zu vergleichen und auf eventuell auftretende Störungen zu reagieren. Die aktuellen Ist-Daten werden laufend den Subsystemen "Planung" und "Steuerung" zur Verfügung gestellt.

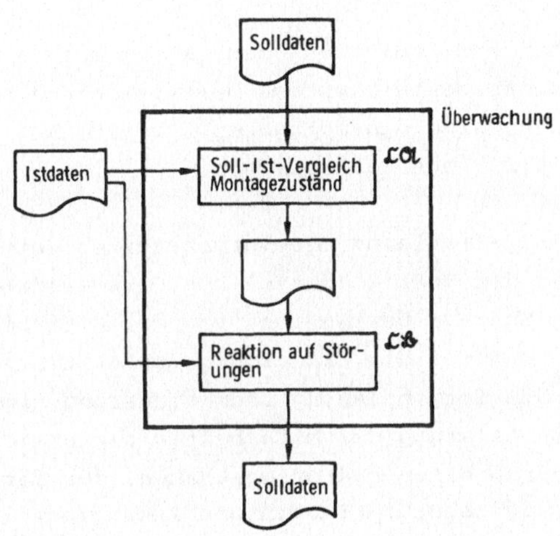

Bild 14: Modell des herkömmlichen Terminplanungs- und Steuerungssystems von Montageprozessen, Subsystem Überwachung (2. Approximationsstufe)

3.1.5 Theorie der Terminplanung und -steuerung von Montagesystemen

Die im folgenden beschriebene Theorie der Terminplanung und -steuerung basiert auf der Modellvorstellung über den Montageprozeß. Kleinste zu planende und zu steuernde Einheit im Montageprozeß ist demnach das in Abschnitt 3.1.1 definierte Montagesystem-Element a^1a der 2. Stufe der Modellapproximation, das sich durch folgende Merkmale kennzeichnen läßt:

- Die Parameter V und E beschreiben die Funktionen "Vormontieren" (V) und "Endmontieren" (E).
- Die Indizes j kennzeichnen die Erzeugnisvarianten bzw. die dazugehörigen Baugruppen.

- Der Parameter Z steht für die Anzahl der Mitarbeiter im System-Element. Z_{max} drückt die maximal mögliche Anzahl der Mitarbeiter aus; sie entspricht gleichzeitig der Anzahl Arbeitsplätze. Z_{min} ist die Mitarbeiterzahl, die mindestens erforderlich ist, um das Montagesystem-Element noch wirtschaftlich vertretbar zu betreiben.

Während die Größen zur Ermittlung des *Kapazitätsbestandes* eines Montagesystems bereits in Abschnitt 3.1.3 beschrieben wurden, sind diese Angaben für den *Kapazitätsbedarf* noch nachzutragen.

Während in der Teilefertigung die Vorgabezeiten weitgehend vom Leistungsvermögen der Betriebsmittel bestimmt werden, sind sie in der manuellen Montage überwiegend von den Mitarbeitern beeinflußbar. Deshalb muß für die Ermittlung von Auftragsbearbeitungszeiten für die Terminplanung und -steuerung neben der Vorgabezeit auch die Leistung der Mitarbeiter berücksichtigt werden. Dies kann durch einen Faktor geschehen, der für alle zu montierenden Erzeugnisse und Baugruppen festgelegt ist und den variantenabhängigen Montageaufwand ausdrückt. Dieser Montagefaktor MF gibt an, wieviele Einheiten einer Erzeugnisvariante j von einem Mitarbeiter pro Zeiteinheit bei einem durchschnittlichen betrieblichen Leistungsgrad (LG) montiert werden können (vgl. /22/).

$$MF_j = \frac{LG}{VG_j} \tag{13}$$

MF_j ... Montagefaktor der Erzeugnisvariante j in Stck/min
LG ... Durchschnittlicher betrieblicher Leistungsgrad
VT ... Vorgabezeit in Minuten pro Stück

Berechnung der auftragsbezogenen Daten

Auf der Basis der bisherigen Ausführungen können nun die Daten für die Terminplanung und -steuerung der einzelnen Aufträge ermittelt werden. Zur Angabe der Montagezeit für eine bestimmte Auftragsmenge ist eine Gleichung erforderlich, die den Zusammenhang zwischen

- Stückzahl
- Mitarbeiterzahl
- Montagefaktor und
- Montagezeit

angibt. Würde ein Montagesystem-Element aus nur einem Arbeitsabschnitt (m = 1) mit identischen Arbeitsplätzen bestehen (reine Mengenteilung), so kann über den linearen Zusammenhang

$$T_{q,n} = \frac{ST_q}{n \cdot MF_j} \tag{14}$$

T ... Montagezeit in Minuten
ST_q ... Stückzahl des Auftrags q
q ... Auftragsindex
n ... Anzahl identischer Arbeitsplätze

die Montagezeit für eine bestimmte Auftragsmenge berechnet werden. Wird in der Montage jedoch eine A r t t e i l u n g durchgeführt (m 1), d.h. daß die Arbeitsgänge zur Montage des Erzeugnisses bzw. der Baugruppe auf mehrere unterschiedliche Arbeitsabschnitte aufgeteilt sind, so besteht dieser lineare Zusammenhang nicht mehr, da Abstimmverluste zwischen den einzelnen Arbeitsplätzen auftreten können. Bei Linienmontage wird deshalb ein B a n d w i r k u n g s g r a d /26/ angegeben. Dieser Faktor berücksichtigt Störungen, die zu kurzfristigen Unterbrechnungen des Ablaufs am gesamten Montagesystem führen. Für die Montagesystem-Elemente kann man daher einen Systemwirkungsgrad SW definieren:

$$SW_{Z,j} = \frac{VT_j \cdot ST_q}{T_{Z,q} \cdot Z \cdot LG} = \frac{ST_q}{T_{Z,q} \cdot Z \cdot MF_j} \tag{15}$$

Somit ergibt sich für die Berechnung der Montagezeit T in einem Montagesystem-Element für eine vorgegebene Auftragsmenge ST folgende Beziehung:

$$T_{Z,q} = \frac{ST_q}{Z \cdot SW_{Z,j} \cdot MF_j} \tag{16}$$

T ... Montagezeit in Minuten
ST ... Auftragsstückzahl
Z ... Anzahl Mitarbeiter im Montagesystem-Element
MF_j ... Montagefaktor der Erzeugnisvariante j
SW ... Systemwirkungsgrad
j ... Variantenindex
q ... Auftragsindex

Durch entsprechendes Umformen dieser Gleichung lassen sich Stückzahl ST und Personalbedarf Z bei vorgegebener Montagezeit und Personenzahl bzw. Stückzahl und Montagezeit ermitteln:

$$Z = \frac{ST_q}{T_{Z,q} \cdot SW_{Z,j} \cdot MF_j} \tag{17}$$

Randbedingungen: $Z_{min} \leq Z \leq Z_{max}$

Die Montagerate MR in einem Montagesystem-Element drückt aus, wieviele Einheiten ST bei einer gegebenen Mitarbeiterzahl Z pro Zeiteinheit montiert werden:

$$MR = Z/m \cdot MF_j \cdot SW_{Z,j} \tag{18}$$

Z/m steht für die Zahl der innerhalb eines Arbeitsabschnitts m des Montagesystem-Elements besetzten Arbeitsplätze (vgl. Bild 8).

Die Durchlaufzeit TZ einer Einheit durch das Montagesystem-Element beträgt

$$TZ = \frac{SP}{MF_j} \cdot \frac{m}{Z} \tag{19}$$

SP ist die Anzahl der Produkteinheiten, die sich im Montagesystem-Element befinden, und m bedeutet wieder die Zahl der Arbeitsabschnitte.

Zur Veranschaulichung der oben aufgeführten Zusammenhänge soll folgendes Beispiel dienen. Gegeben sei das Montagesystem a^2 mit Gruppenstruktur, auf dem drei Erzeugnisvarianten mit den Montagefaktoren MF_1 bis MF_3 zu montieren sind. Dieses Montagesystem kann mit unterschiedlichen Mitarbeiterzahlen Z (Z = 2...6) betrieben werden. In Abhängigkeit vom Montagefaktor und der Mitarbeiterzahl werden die in Bild 15 dargestellten Systemwirkungsgrade SW für das Montagesystem festgelegt. Ausgehend von diesen Annahmen ergeben sich für die drei Erzeugnisvarianten unterschiedliche Verläufe für die Ausbringung ST_1 bis ST_3 bezogen auf die Montagezeit T = 8 Stunden (Bild 15).

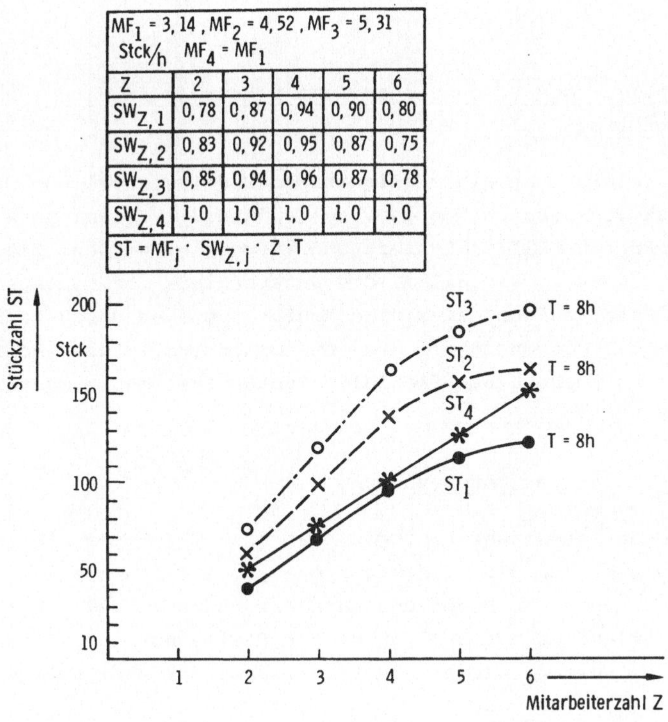

$MF_1 = 3,14$, $MF_2 = 4,52$, $MF_3 = 5,31$ Stck/h $MF_4 = MF_1$

Z	2	3	4	5	6
$SW_{Z,1}$	0,78	0,87	0,94	0,90	0,80
$SW_{Z,2}$	0,83	0,92	0,95	0,87	0,75
$SW_{Z,3}$	0,85	0,94	0,96	0,87	0,78
$SW_{Z,4}$	1,0	1,0	1,0	1,0	1,0

$ST = MF_j \cdot SW_{Z,j} \cdot Z \cdot T$

Bild 15: Anwendungsbeispiel für das Ausbringungsverhalten eines Montagesystems über der Mitarbeiterzahl bei gleicher Montagezeit T und unterschiedlichen Systemwirkungsgraden für drei Erzeugnisvarianten

Der einzelne Kurvenverlauf ist geprägt durch den Wert des Systemwirkungsgrades bei den verschiedenen Mitarbeiterzahlen. Bei einem konstanten Systemwirkungsgrad würde man einen linearen Ausbringungsverlauf erhalten. Ist der Systemwirkungsgrad des Montagesystems 1, so geht Formel (16) in Formel (14) über. In diesem Fall erhält man einen geraden Ausbringungsverlauf, dessen Steigung bei gleicher Montagezeit von der Größe des Montagefaktors MF der Erzeugnisvarianten abhängig ist. In Bild 15 ist ein solcher linearer Ausbringungsverlauf (ST_4) für die Erzeugnisvariante mit $MF_4 = MF_1$ aufgezeigt.

3.2 Analyse des Produktionsbereichs Montage in einem konkreten Fall

Nach der Entwicklung einer allgemeinen Modellvorstellung über den Produktionsbereich Montage, sollen nun die Zusammenhänge in einem konkreten Fall analysiert und aufgezeigt werden. Ziel dieser Analyse ist es vor allem, die Unterschiede der Montagesteuerung bei "starren" und flexiblen Montagesystemen darzustellen und damit die Notwendigkeit der Entwicklung geeigneter Verfahren zur Montagesteuerung bei flexiblen Montagesystemen zu unterstreichen.

3.2.1 Methoden zur Datenerhebung

Als Methoden zur Datenerhebung wurden die Tätigkeitsanalyse und die Informationsanalyse gewählt. Da beide Methoden und ihre Anwendung in /27/ ausführlich beschrieben sind, soll an dieser Stelle nur soweit darauf eingegangen werden, wie es zum Verständnis der Analyseergebnisse erforderlich ist.

Die Tätigkeitsanalyse ist ein Hilfsmittel zur Erfassung und Analyse von Daten, die die Ausführung einer Tätigkeit charakterisieren. Im vorliegenden Fall - der Analyse des Produktionsbereichs Montage - werden mit diesem Instrumentarium Daten zur Beschreibung von Tätigkeiten zur Montagesteuerung bei Mitarbeitern in Dispositionsabteilungen und im Werkstattbereich sowie Daten, die die Ausführung der Montageaufgaben betreffen, ermittelt. Ergebnisse der Tätigkeitsanalyse sind

- aufgabenbezogene,
- montagesystembezogene,
- funktionsträgerbezogene

Darstellungen des Zeitaufwands für die Tätigkeitsdurchführung.

Zur Datenerfassung wurden zwei Verfahren eingesetzt:

In der Dispositionsabteilung und im Werkstattführungsbereich wurde die Datenerhebung als arbeitszeitbegleitende Selbstaufschreibung mit Hilfe des in Bild 16 dargestellten Erhebungsformulars durchgeführt. Erfahrungen in mehreren Betrieben haben gezeigt, daß 10 Arbeitstage für die Erhebung ausreichend sind.

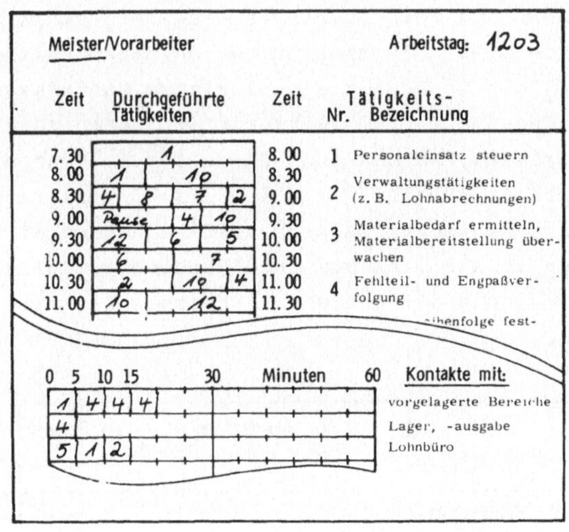

Bild 16: Erhebungsformular zur Selbstaufschreibung

Der Erhebungszeitraum ist so zu legen, daß mindestens ein Planungszyklus abgedeckt wird. Bei einem einmonatigen Planungszyklus müßte demzufolge jeder zweite Arbeitstag erfaßt werden.
Bei der Auswertung werden die erfaßten Einzelzeitanteile aller Mitarbeiter pro Tätigkeit addiert und dann als Relation zur Gesamtzeit für alle Tätigkeiten dargestellt.

Ziel der I n f o r m a t i o n s a n a l y s e ist es, über die Art und den Fluß der Informationen hinaus Aussagen über die Beziehungen zwischen Tätigkeiten der Montagesteuerung und den dafür notwendigen Informationen machen zu können. Von besonderem Interesse ist die Häufigkeit des Informationsaustausches zwischen den einzelnen Funktionsträgern. Die Erhebung der Kontakthäufigkeiten erfolgte im Rahmen der Selbstaufschreibung (siehe Bild 16 unten) und durch Befragung der betroffenen Mitarbeiter.

3.2.2 Beschreibung des Untersuchungsfeldes

Die Datenerhebungen wurden in einem Betrieb durchgeführt, für dessen Branche - der Konsumgüterindustrie - die Flexibilitätsanforderungen in den letzten Jahren besonders stark zugenommen haben. So hatte dieser Betrieb, um seine Marktposition halten zu können, für ein Erzeugnis ein flexibles Montagesystem entwickelt und eingeführt. Zum Zeitpunkt der Datenerhebung wurde parallel zu diesem " n e u e n S y s t e m " noch an einem konventionellen Fließband (" a l t e s S y s t e m ") dasselbe Erzeugnis montiert. Dadurch wurde ein Vergleich beider Montagesysteme im Hinblick auf ihre Steuerung möglich. Tabelle 1 zeigt die Ausprägung der charakteristischen Merkmale beider Montagesysteme.

Merkmale \ Montagesystem	alt 1	neu 2
Produktgröße in m^3	1	1
Anzahl Varianten	30	48
Durchschnittliche Losgröße in Stck	2000	800
Anzahl unterschiedlicher Teile je Produkt	300	300
Anzahl Aufträge/Monat	10	30
Anzahl Mitarbeiter	30	30
Anzahl Linienführer	1	3

Tabelle 1: Merkmale der untersuchten Montagesysteme

In Bild 17 sind die Strukturen dieser Montagesysteme dargestellt. Beim konventionellen System handelt es sich, wie bereits erwähnt, um eine klassische Fließbandmontage (vgl. Abschnitt 3.1.1, Bild 7). Es besteht aus einem Plattenband und daneben angeordneten Baugruppenmontageplätzen. Die technische Ausstattung des Montagesystems ist auf die zu montierenden Varianten der Erzeugnistypen zugeschnitten. Da eine Pufferung von Baugruppen nach der Vormontage aus räumlichen Gründen nur begrenzt möglich ist, werden diese synchron zur Endmontage montiert.

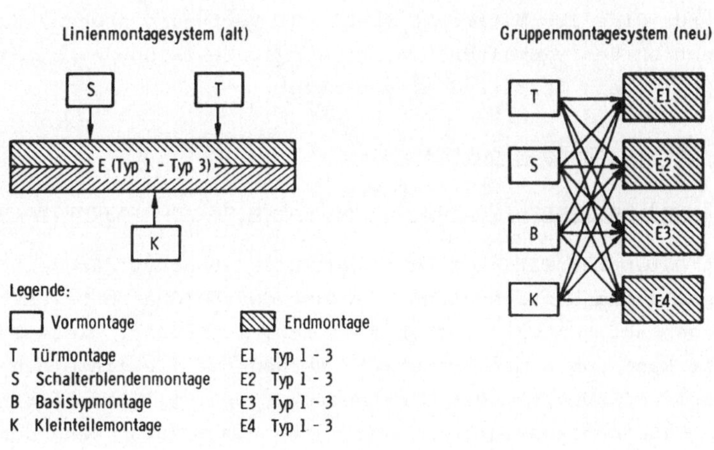

Bild 17: Strukturen der untersuchten Montagesysteme

Die Struktur des "neuen Systems" wird von den Montagefolgen des Erzeugnisses bestimmt (vgl. Struktur 3, Bild 7). Es erfolgt zuerst eine Basismontage mit einem Montageumfang bis zu 50 % des Enderzeugnisses, an die sich die variantenbestimmende Endmontage, Prüfung und ggf. die Reparatur anschließen. Parallel dazu werden in zentralen Vormontagen die variantenbestimmenden Baugruppen montiert. Während in der Basismontage mit nahezu gleichbleibenden Arbeitsinhalten von ca. 2 Minuten in Einzelarbeit gearbeitet wird, arbeiten in der Endmontage jeweils 3 bis 4 Mitarbeiter in Gruppen zusammen. Die Arbeitsinhalte verändern sich hier entsprechend des Ausstattungsumfangs des Enderzeugnisses.

Die Führung beider Montagebereiche ist hierarchisch gegliedert. Einem Betriebsingenieur unterstehen 2 Meister, die außer den untersuchten noch weitere Montagesysteme zu betreuen haben. Den Meistern unterstellt sind Vorarbeiter, denen wiederum mehrere sogenannte Linienführer unterstehen. Im untersuchten konventionellen Montagesystem ist ein Linienführer verantwortlich für die ca. 30 Mitarbeiter. Im neuen Montagesystem wurden zwei zusätzliche Linienführer-Stellen geschaffen, so daß drei Linienführer für dieselbe Mitarbeiterzahl zur Verfügung stehen. Zur Koordination der einzelnen Montagesubsysteme im neuen Montagesystem wurde ein Leitstand eingerichtet.

3.2.3 Untersuchungsergebnisse

Zeitaufwand zur Durchführung der Aufgaben der Montagesteuerung

Aus den Daten der Tätigkeitsanalyse wurde zunächst der zeitliche Gesamtaufwand zur Montagesteuerung der beiden Montagesysteme bezogen auf den Untersuchungszeitraum ermittelt. Diese Gesamtzeit kann zum einen aufgeteilt werden auf die einzelnen Aufgaben und Teilaufgaben der Montagesteuerung (vgl. Abschnitt 3.1.4) - (aufgabenbezogene Auswertung). Zum anderen kann der Aufwand dieser Aufgaben auf die Zeitanteile der an der Aufgabendurchführung beteiligten Stellen (Funktionsträger) bezogen werden (funktionsträgerbezogene Auswertung).

Bild 18 zeigt die Verteilung des Gesamtaufwands für die Montagesteuerung bezogen auf ihre Aufgaben. Es ist deutlich zu erkennen, daß die Aufgaben der kurzfristigen Montagesteuerung (Arbeitsverteilung und Montagefortschrittsüberwachung) mehr als 3/4 des Zeitaufwands beanspruchen.

Weiterhin ist festzustellen, daß ca. 2/3 des Zeitaufwands zur Montagesteuerung durch die Mitarbeiter im Werkstattbereich (Meister, Vorarbeiter und Linienführer) aufgebracht werden müs-

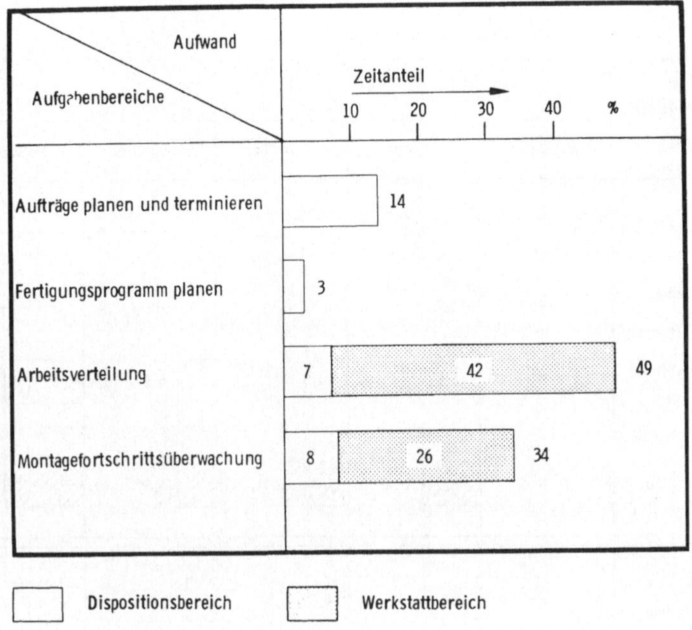

Bild 18: Zeitaufwand für die Aufgaben der Montagesteuerung im untersuchten Betrieb

sen. In Bild 19 wurde dieser Zeitaufwand auf die Teilaufgaben der kurzfristigen Montagesteuerung und die durchführenden Funktionsträger bezogen. Mit abnehmender Hierarchiestufe - den Leitstand ausgenommen - nimmt der Zeitaufwand für die Montagesteuerung zu. Bemerkenswert ist weiterhin, daß Meister und Vorarbeiter vor allem Teilaufgaben der Arbeitsverteilung wahrnehmen, während Linienführer vorwiegend überwachend tätig sind. Da die Auftragsreihenfolge bereits von der Abteilung Montagedisposition festgelegt wird, ist der Zeitanteil für die Teilaufgabe "Auftragsbearbeitung veranlassen" gering. Gering ist auch - wie zu erwarten - die Beteiligung des Betriebsingenieurs an der Montagesteuerung. Sie beschränkt sich auf die Klärung von Problemfällen beim Personaleinsatz und bei der Reaktion auf Störungen.

Aufwand / Funktionsträger Teilaufgaben	Zeitaufwand % → Betriebsingenieur	Meister	Vorarbeiter	Linienführer	Leitstand
• Personaleinsatz steuern	0,7	7,2	8,9	0	0
• Auftragsbearbeitung veranlassen	0	1,6	0,5	0	0
• Materialbereitstellung veranlassen	0	1,2	1,8	6,5	13,6
Arbeitsverteilung (Teilsumme)	0,7	10,0	11,2	6,5	13,6
• Soll-Ist-Montage-zustand vergleichen	0	0,6	0,8	5,1	4,2
• Reaktion auf Störungen	1,1	2,0	2,9	5,7	3,6
• Montagefortschritts-überwachung (Teilsumme)	1,1	2,6	3,7	10,8	7,8
Gesamt- Summe	1,8	12,6	14,9	17,3	21,40

Zwischensummen (schraffiert)

Bezug $\sum$ Aufwand für Montagesteuerung = 100 %

Bild 19: Zeitaufwand zur Durchführung der Aufgaben der kurzfristigen Montagesteuerung durch das Werkstattführungspersonal

Die tägliche Personaleinteilung auf die verschiedenen Montagesysteme erfordert dagegen von Meister und Vorarbeiter die meiste Zeit. Diese Tatsache wurde auch durch Untersuchungen in anderen Betrieben /11,28/ bestätigt. Beim Leitstand, der für die Steuerung des "neuen" Montagesystems eingerichtet wurde und deshalb eine gewisse Sonderstellung einnimmt, ist der steuernde Anteil ungefähr doppelt so hoch wie der überwachende. Seine Hauptaufgabe besteht darin, die Materialversorgung des neuen Systems sicherzustellen.

Nach dieser allgemeinen Betrachtung des Aufwands zur Montagesteuerung mit seiner Verteilung auf Aufgaben und Funktionsträger kann nun aufgezeigt werden, inwieweit sich die beiden Montagesysteme hinsichtlich ihres Steuerungsaufwands unterscheiden. Von Interesse ist dabei sowohl die Veränderung des Zeitaufwands im Montagebereich als auch im Dispositionsbereich. Um einen besseren Vergleich der Werte innerhalb dieser Bereiche zu ermöglichen, wurde der Zeitaufwand im jeweiligen Bereich auf 100 % gesetzt (68 % bzw. 32 % in Bild 18 entsprechen in den folgenden Darstellungen jeweils 100 %).

Bild 20 zeigt den Zeitaufwand im Werkstattbereich zur kurzfristigen Montagesteuerung für das "alte" und das "neue" Montagesystem. Da Meister und Vorarbeiter für beide Systeme zuständig waren, war eine getrennte Auswertung der Daten nicht möglich. Deshalb wurde ihr Steuerungsaufwand als verändert angenommen, was sich auch durch eine Befragung bestätigt hat. Beim Betriebsingenieur erhöhte sich der Aufwand für die bereits erwähnten Teilaufgaben, da er das neue System nach dessen Anlauf besonders zu betreuen hatte.

Durch die Einrichtung des Leitstands wurde der Linienführer bei der Durchführung der Tätigkeit "Materialbereitstellung veranlassen" entlastet. Dasselbe gilt auch für die "Reaktion auf Störungen".

Insgesamt gesehen ist der Zeitaufwand zur kurzfristigen Montagesteuerung aufgrund der vielseitigeren Struktur des neuen Systems

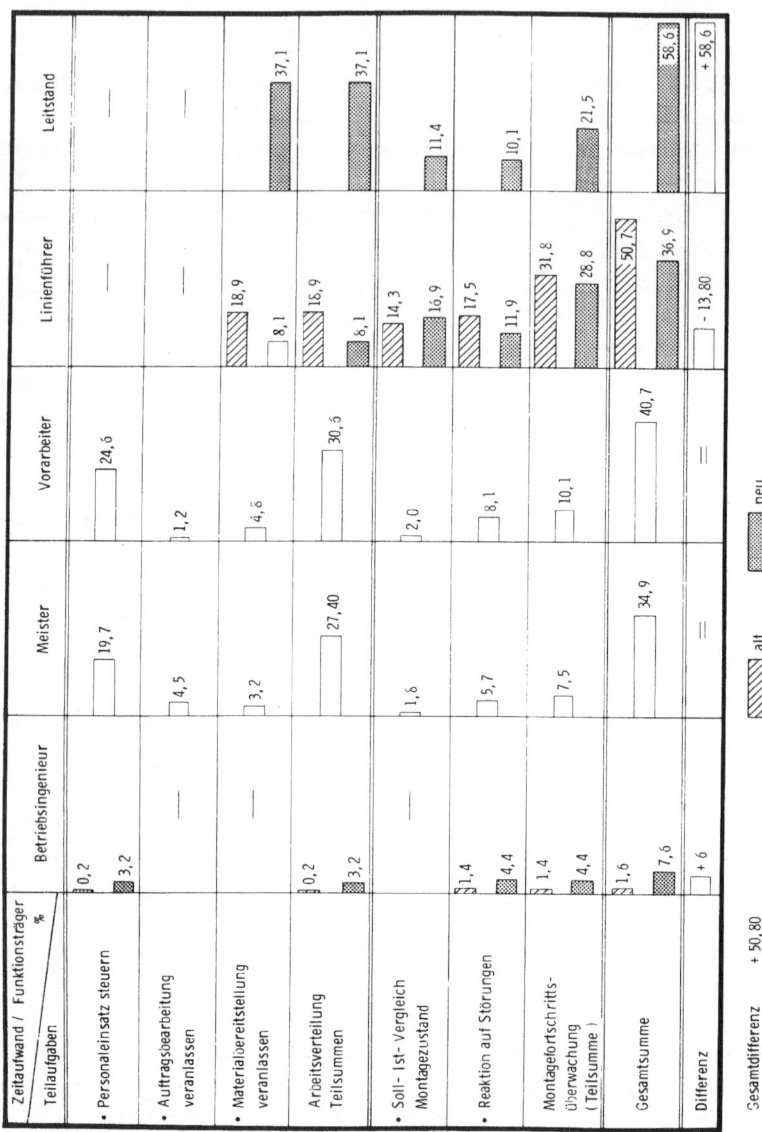

Bild 20: Gegenüberstellung des Zeitaufwands zur kurzfristigen Montagesteuerung des "alten" und "neuen" Montagesystems

und seiner zusätzlich zu steuernden Subsysteme angestiegen. Setzt man den Zeitaufwand beider Systeme ins Verhältnis, so entsteht für die kurzfristige Montagesteuerung des neuen Systems ein Mehraufwand von ca. 50 %.

Ebenso wie im Werkstattbereich ergeben sich auch im Bereich der Abteilung "Montagedisposition", wie Bild 21 zeigt, Unterschiede im Zeitaufwand zur Montagesteuerung der beiden Montagesysteme. Setzt man auch hier die Zeitaufwandszahlen zur Durchführung der einzelnen Aufgaben ins Verhältnis, so ist zur Steuerung des neuen Montagesystems ein um ca. 40 % höherer Aufwand erforderlich.

Veränderungen ergaben sich bei den Aufgaben "Aufträge planen und terminieren" (+ 21 %) und "Montagefortschrittsüberwachung" (+ 19 %). Dieser Mehraufwand läßt sich auf folgende Faktoren zurückführen:

- vielseitigere Struktur des neuen Montagesystems,
- Zentralisierung der Vormontage,
- Möglichkeit, mehrere Erzeugnisvarianten parallel zu montieren,
- Koordination der einzelnen Subsysteme,
- hohe Anpassungsfähigkeit an Änderungen.

Während der Datenerhebung wurden noch nicht alle technischen Möglichkeiten des neuen Montagesystems hinsichtlich seiner Flexibilität benutzt. Dies zeigte sich insbesondere darin, daß mehrere Endmontagegruppen zur gleichen Zeit die gleiche Erzeugnisvariante montiert haben und die Losgrößen noch relativ hoch waren. Deshalb ist anzunehmen, daß sich bei Ausnutzung aller technischer Flexibilitätsmöglichkeiten des neuen Montagesystems der Aufwand zur Montagesteuerung noch sehr viel stärker erhöhen wird. Die Schätzung der befragten Disponenten dahingehend liegt etwa bei 100 % Mehraufwand.

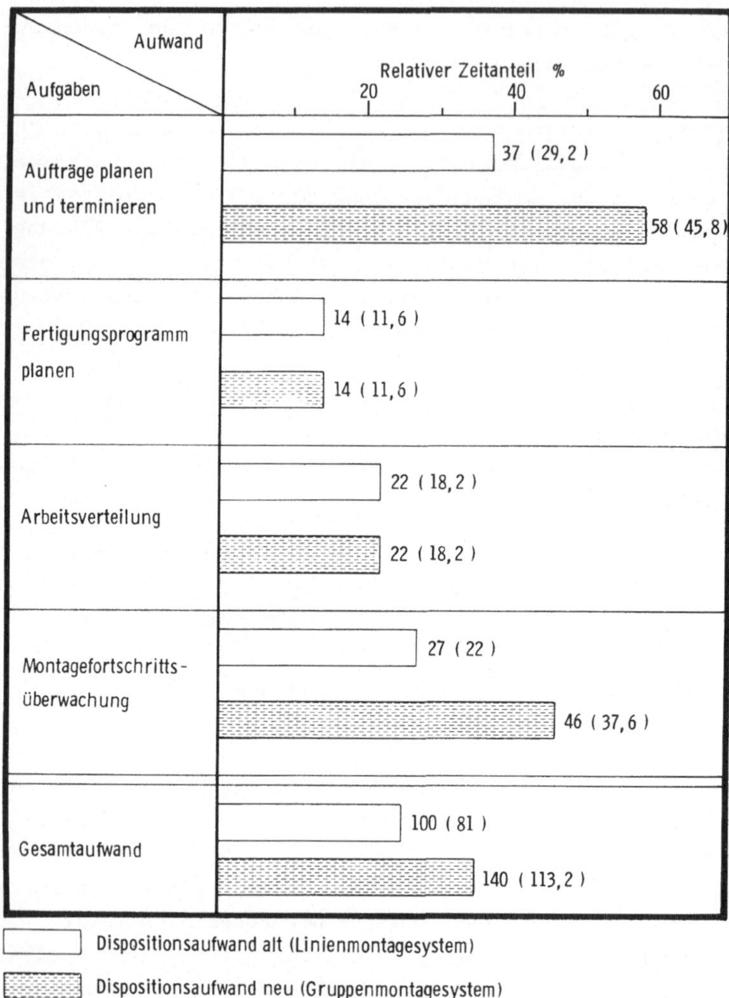

Bild 21: Veränderung des Zeitaufwands zur Montagesteuerung in der Abteilung Montagedisposition

Informationsbeziehungen zwischen Funktionsträgern

Im Rahmen der Informationsanalyse wurde neben dem Ablauf der Montagesteuerung auch die Häufigkeit des Informationsaustauschs zwischen den einzelnen Funktionsträgern zur Durchführung der Montagesteuerungsaufgaben ermittelt. Die Daten dazu wurden parallel zur Tätigkeitsanalyse durch Selbstaufschreibung erfaßt.

Bild 22 zeigt die Informationsbeziehungen im Produktionsbereich "Montage" und die Ein- und Ausgangsinformationen von bzw. zu seiner Umgebung, dargestellt als Informationsaustausch in Minuten pro Tag.

Die Abteilung "Montagedisposition" bildet den zentralen Punkt innerhalb des Bereichs. Von hier aus werden die meisten Kontakte zu anderen Bereichen - vor allem zur Abteilung "Materialdisposition", zur Teilefertigung und zum Lager - aufgenommen. Der Informationsaustausch mit der EDV ist mit ca. 1 Stunde pro Tag gering, da nur Abfragen zur Materialverfügbarkeit und Änderungen in den Stammdaten möglich sind.

Der größte Informationsaustausch tritt zwischen Montagedisposition und den Werkstattführungskräften des neuen Montagesystems auf. Insbesondere Leitstand und "Linienführer" stehen in häufigem Kontakt. Dies ist auch auf den höheren Aufwand zur Montagesteuerung zurückzuführen.

Während für das "alte" Montagesystem Linienführer, Vorarbeiter und Meister bei Problemen in der Materialbereitstellung Kontakte zu den vorgelagerten Bereichen Teilefertigung und Lager aufnehmen, erfolgt dies für das neue System ausschließlich durch den Leitstand.

Durch die im Bild dargestellten, teilweise "umständlichen" Informationswege können z.B. bei der Reaktion auf Störungen erhebliche Wartezeiten auftreten, bis die Informationskette

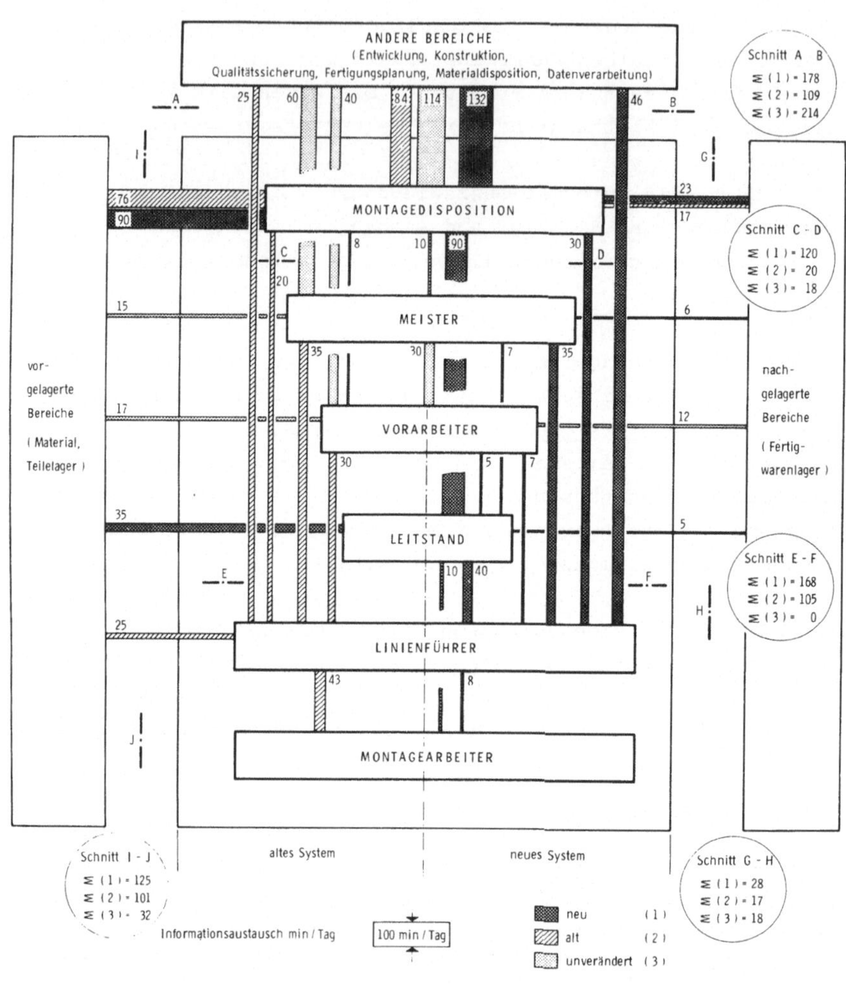

Bild 22: Informationsbeziehungen zwischen Funktionsträgern des Produktionsbereichs Montage und den angrenzenden Systemen (altes und neues Montagesystem im Vergleich)

- Mitarbeiter,
- Linienführer,
- Meister oder
- Vorarbeiter,
- Disponent,
- Materialdisposition und umgekehrt

durchlaufen ist. Im neuen System ist durch den Einsatz des Leitstands als "Schaltstelle" eine teilweise Verbesserung erzielt worden.

4 MODIFIKATION DER MODELLVORSTELLUNG ÜBER DIE TERMINPLANUNG UND -STEUERUNG BEI FLEXIBLEN MONTAGESYSTEMEN

4.1 Detaillierung der Anforderungen

Aus der empirischen Untersuchung des Produktionsbereichs Montage einerseits und aus der Zielsetzung, in flexiblen Montagesystemen an menschengerecht gestalteten Arbeitsplätzen wirtschaftlich zu montieren andererseits, können folgende Anforderungen an die Terminplanung und -steuerung abgeleitet werden, die eng miteinander verknüpft sind:

- Nutzung der Flexibilität der Montagesysteme,
- Minimierung von Ausfallzeiten im Montageprozeß,
- Reduzierung des Aufwands zur Terminplanung und -steuerung,
- Verbesserung des Informationsflusses zwischen Montageprozeß und Montagesteuerung,
- Einbeziehung der Werkstattmitarbeiter in die Montagesteuerung,
- Schaffen von Freiräumen für die Werkstattmitarbeiter.

Auf die einzelnen Punkte soll im folgenden näher eingegangen werden:

Nutzung der Flexibilität

Wie in Abschnitt 3.1.2 beschrieben wurde, verfügen Montagesysteme über bestimmte Flexibilitätseigenschaften hinsichtlich Vielseitigkeit und Anpassungsfähigkeit, um auf externe und interne Änderungen schnell reagieren zu können. Zur Nutzung dieser Fähigkeiten ist ein System zur Terminplanung und -steuerung erforderlich, das folgende Anforderungen erfüllt:

- Aufträge müssen immer abgestimmt und auf die momentane Kapazitätssituation der einzelnen Montagesysteme sowie auf die jeweiligen Markterfordernisse eingeplant werden können;
- bei der Einplanung von Aufträgen sind parallele, sich überschneidende und teilweise ersetzende Montagesysteme zu berücksichtigen;
- alternative Einplanungsstrategien müssen verwendet werden können;

- bei Störungen im Montageablauf muß schnell umgeplant werden können;
- aktuelle Informationen über den Montagefortschritt müssen stets verfügbar sein;
- es müssen alternative Planungsergebnisse erstellt und hinsichtlich ihrer Zielerfüllung verglichen werden können.

Minimierung von Ausfallzeiten im Montageprozeß

Flexible Montagesysteme schaffen die Voraussetzung, Ausfallzeiten im Montageprozeß zu reduzieren und damit eine hohe Produktivität zu ermöglichen. Eine verminderte Ausbringung von Montagesystemen wird direkt verursacht durch Ausfälle von Betriebsmitteln (Transportmittel, Arbeitsmittel, usw.), Material und Personal sowie Arbeitsfehler durch die Werkstattmitarbeiter. Indirekt verursachen aber auch Fehler in der Montagesteuerung wie Ausfälle von organisatorischen Hilfsmitteln und Informationen sowie fehlerhafte Arbeitsunterlagen Störungen im Montageprozeß.

Die Montagesteuerung kann jedoch durch schnelles Umplanen und Bereitstellen der erforderlichen Informationen dazu beitragen, daß die Ausfallzeiten im Montageprozeß reduziert werden.

Reduzierung des Aufwands zur Terminplanung und -steuerung und Verbesserung des Informationsflusses zwischen Montageprozeß und Montagesteuerung

Bei der Reduzierung des Aufwands zur Terminplanung und -steuerung ist zu unterscheiden zwischen dem Aufwand zur

- Einplanung der Aufträge auf die Montagesysteme und -subsysteme und dem Aufwand zur
- Steuerung und Überwachung der Auftragsbearbeitung.

Der Zeitaufwand zur Durchführung dieser Aufgaben kann gegliedert werden in die Anteile zur

- Informationsgewinnung,
- Informationsverarbeitung,
- Informationsdarstellung und -weitergabe.

Die I n f o r m a t i o n s g e w i n n u n g beinhaltet alle Funktionen, die erforderlich sind, um die zur Aufgabendurchführung benötigten Daten zu erfassen, verarbeitungsgerecht aufzubereiten und am Verarbeitungsort bereitzustellen. Der Aufwand zur Informationsgewinnung kann zum einen dadurch reduziert werden, daß die anfallenden Informationen einheitlich dargestellt werden und zum anderen durch einen Informationsfluß zwischen dem Ort der Informationsentstehung und der Informationsverarbeitung, der nach den jeweiligen mengenmäßigen, zeitlichen und räumlichen Anforderungen ausgelegt ist /29,30/.

Bei der I n f o r m a t i o n s v e r a r b e i t u n g kann dann eine Aufwandsreduzierung erreicht werden, wenn der Verarbeitungsvorgang vollständig algorithmierbar ist und somit von einer manuellen zu einer automatischen Verarbeitung durch EDV übergegangen werden kann. Die D a r s t e l l u n g d e r P l a n u n g s e r g e b n i s s e ist auf den jeweiligen Benutzer abzustimmen. Dementsprechend ist auch der Datenträger für die Informationsweitergabe zu wählen (z.B. Bildschirme, Papier, usw.).

Bei der Festlegung der Informationstechnologie (manuelle Hilfsmittel oder EDV) für die oben angeführten Informationsaktivitäten muß beachtet werden, daß sich diese über die ablauforganisatorischen Maßnahmen auf die montagesysteminternen Beziehungen auswirkt /31/. Wichtig dabei ist eine entscheidungsorientierte Einbeziehung der Montagemitarbeiter in den Informationsfluß.

Einbeziehung der Werkstattmitarbeiter in die Montagesteuerung

Aufgrund der bisher beschriebenen Anforderungen flexibler Montagesysteme an die Terminplanung und -steuerung und praktischer Erfahrungen mit Fertigungssteuerungssystemen kann geschlossen werden, daß z e n t r a l e P l a n u n g s - u n d S t e u e r u n g s s y s t e m e nicht optimal sind /12,32/. Vielmehr ist eine Trennung zwischen planenden und steuernden Bereichen sinnvoll.

Der Grund dafür liegt zum einen in den negativen Erfahrungen, daß sich in der betrieblichen Praxis nicht alle, für die theoretischen Entscheidungsmodelle erforderlichen Daten in der gewünschten Genauigkeit und zum richtigen Zeitpunkt gewinnen lassen und die Modelle selbst die Realität nur unzureichend abbilden. Zum anderen wurde erkannt, daß der Mensch mit seiner schnellreagierenden Dispositionsfähigkeit von keiner Maschine ersetzt werden kann.

Das Terminplanungs- und -steuerungssystem soll deshalb nicht als deterministisches Entscheidungssystem gestaltet werden, sondern als Informationssystem mit Entscheidungshilfen, damit der benutzende Mitarbeiter voll seine intelligenten Fähigkeiten, mit unvorhergesehenen Schwierigkeiten fertig zu werden, einbringen kann.

Da in den Montagesystemen von den Werkstattmitarbeitern bisher keine dispositiven Tätigkeiten durchgeführt werden (vgl. dazu /11/) ist eine Höherqualifizierung erforderlich. Andererseits bringt die Einbeziehung der Werkstattmitarbeiter in die Montagesteuerung den Vorteil, daß dispositive Aufgaben am Ort der Entstehung der dazu erforderlichen Daten durchgeführt werden können und somit lange Entscheidungswege entfallen, dies gilt insbesondere bei der Reaktion auf Störungen. Zum anderen entsteht für die Werkstattmitarbeiter eine Arbeitsbereicherung und die Möglichkeit, innerhalb eines Freiraumes ihren Arbeitsablauf selbst zu bestimmen.

Schaffung von Freiräumen für die Werkstattmitarbeiter

Für die Mitarbeiter in flexiblen Montagesystemen, die Aufgaben der kurzfristigen Montagesteuerung übernehmen und die Auftragsbearbeitung selbst steuern und überwachen, kann nur dann ein Dispositionsspielraum bei der Aufgabendurchführung entstehen, wenn dieser bereits von der Terminplanung geschaffen wird.
Dieser Freiraum, der für die einzelnen Montagesubsysteme bereitzustellen ist, setzt sich aus den Komponenten "disponibler Auftragsvorrat" und "disponible Arbeitszeit" zusammen.

Der A u f t r a g s v o r r a t für ein Montagesubsystem umfaßt eine bestimmte Anzahl von Aufträgen, die in einem definierten Zeitraum (z.B. 1 Woche) zu bearbeiten sind. Innerhalb dieses Auftragsvorrats können Aufträge enthalten sein, die mit Prioritäten versehen sind und zu einem fest vorgegebenen Zeitpunkt montiert werden müssen (z.B. Eilaufträge). Die restlichen Aufträge sind in ihrer Bearbeitungsreihenfolge für die Mitarbeiter in den Montagesubsystemen frei disponibel (d i s p o n i b l e r A u f t r a g s v o r r a t) .
Die Größe, die diese Reihenfolgebestimmung zum Dispositionsspielraum der Werkstattmitarbeiter beiträgt, wird bestimmt durch die Anzahl disponibler Aufträge pro Planungsabschnitt. Sie errechnet sich aus der Anzahl möglicher Permutationen P über die Auftragsanzahl q.

$$DSR_q = 1 \times 2 \times 3 \times \ldots \times q = q! = P_q^q \qquad (20)$$

Bei beispielsweise 4 disponiblen Aufträgen pro Woche beträgt der Freiraum für die Reihenfolgebestimmung DSR

$$DSR_4 = P_4^4 = 1 \times 2 \times 3 \times 4 = 24.$$

Da täglich Aufträge bearbeitet werden, nimmt dieser Spielraum mit der Anzahl beendeter Arbeitstage pro Planungsabschnitt ab. Der untere Teil des Bildes 23 verdeutlicht diesen Sachverhalt an einem Beispiel.

Die d i s p o n i b l e A r b e i t s z e i t pro Zeitabschnitt bildet die 2. Komponente des Dispositionsspielraumes. Voraussetzung dafür ist, daß für die Mitarbeiter in der Montage eine gleitende Arbeitszeit möglich ist. Während die tägliche Kernarbeitszeit fest vorgegeben ist, trägt der tägliche Gleitzeitanteil zum Dispositionsspielraum bei.
Auch hier nimmt der Anteil der disponiblen Arbeitszeit pro Tag mit der Anzahl beendeter Arbeitstage pro Planungsabschnitt ab (vergl. Bild 23 oben).
Neben dieser aufgezeigten Art der variablen Arbeitszeit sind weitere Formen denkbar, die z.B. einen Übertrag von Zeitgutschrift bzw. Zeitschulden auf den nächsten Planungsabschnitt

(z.B. 1 Woche) vorsehen. Dadurch könnte der Dispositionsspielraum noch weiter erhöht werden. Im Rahmen dieser Arbeit soll jedoch darauf nicht weiter eingegangen werden.

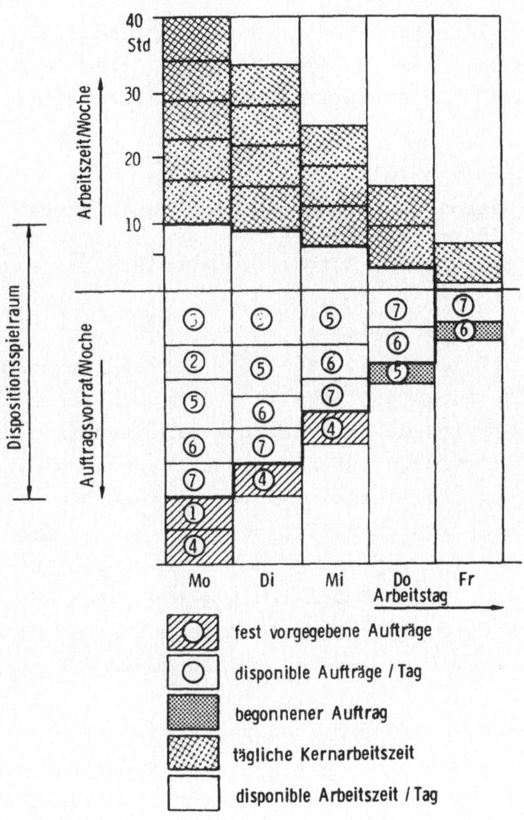

Bild 23: Prinzipielle Darstellung des Dispositionsspielraumes für eine Montagegruppe in einem Planungsabschnitt (1 Woche)

4.2 Modellvorstellung über die Terminplanung und -steuerung bei flexiblen Montagesystemen

Aufgrund der oben definierten Anforderungen wird die im Kap. 3.1.4 aufgestellte Modellvorstellung über die Terminplanung und -steuerung von herkömmlichen Montagesystemen im folgenden für die Anwendung bei flexiblen Montagesystemen modifiziert. Die Abgrenzung der einzelnen Subsysteme steht dabei im Mittelpunkt. Weiterhin werden folgende Kriterien der Informationsverarbeitung berücksichtigt:

- Zeitlicher Anfall der Aufgaben,
- Informationsbedarf zur Aufgabendurchführung nach Art, Menge, Zeit und Ort,
- Abhängigkeit der Aufgaben untereinander.

Veränderungen sind vor allem im Bereich der kurzfristigen Montagesteuerung erforderlich, damit die Werkstattmitarbeiter neben dem "Montieren" auch dispositive Aufgaben wahrnehmen können. Für diese Integration der Werkstattmitarbeiter in den Steuerungsablauf sind montagesystembezogene Steuerungskomponenten zu schaffen. Einzelne flexible Montagesysteme bzw. ihre Subsysteme können sich dadurch selbst steuern. Dieser montagesystembezogene Teil der Terminplanung und -steuerung wird deshalb im folgenden als D u r c h f ü h r u n g s s y s t e m bezeichnet. Bild 24 veranschaulicht diese Zusammenhänge zwischen den Durchführungssystemen und den einzelnen Montagesystemen.

Die Durchführungssysteme erhalten vom übergeordneten T e r m i n p l a n u n g s s s y s t e m ein Montageprogramm, das auf die Kapazitäten der einzelnen Durchführungssysteme abgestimmt ist und einen Freiraum für die Auftragsbearbeitung enthält (Auftragsvorrat). Sowohl das Terminplanungssystem als auch die Durchführungssysteme stehen in enger Beziehung mit dem Materialbereitstellungssystem. Weiterhin erhält das Terminplanungssystem seine Vorgaben vom übergeordneten Fertigungssteuerungssystem und meldet abgeschlossene Aufträge dorthin zurück.

Die Systeme "Terminplanung" und "Durchführung" sind nun zu detaillieren und in ihre Subsysteme zu gliedern. Weiterhin ist der Informationsfluß in diesen Systemen festzulegen.

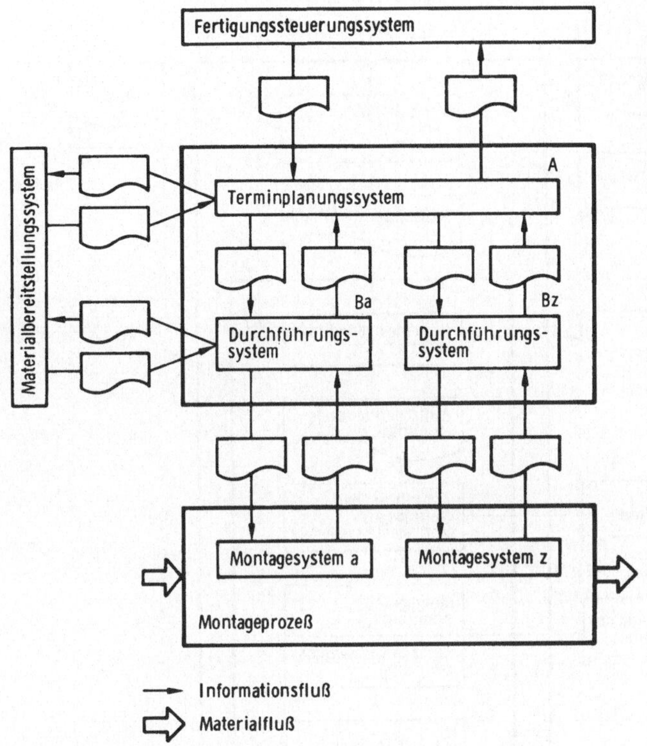

Bild 24: Modellvorstellung über die Terminplanung und -steuerung bei flexiblen Montagesystemen

4.2.1 Das Terminplanungssystem

Im Terminplanungssystem, das in Bild 25 dargestellt ist, werden die mittelfristigen Aufgaben der Terminplanung und -steuerung von Montageprozessen bearbeitet.

Zunächst wird für den zur Einplanung anstehenden Planungshorizont überprüft, ob für die dafür im Fertigungsprogramm vorgesehnen Aufträge das erforderliche Material dispositiv zur Verfügung steht. Dazu erfolgt ein Informationsaustausch des Subsystems AB mit dem "Materialbereitstellungssystem". Im Subsy-

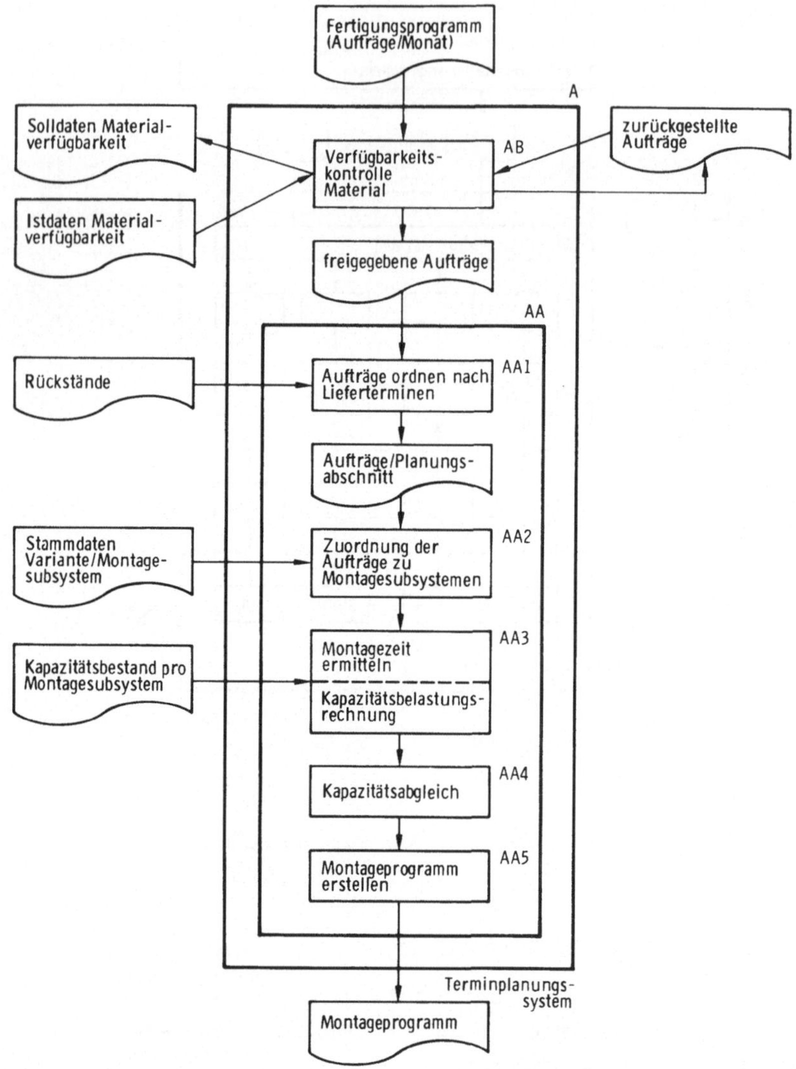

Bild 25: Modellvorstellung über das Terminplanungssystem A von flexiblen Montagesystemen (2. und 3. Approximationsstufe)

stem AA *Auftragseinplanung* werden die freigegebenen Aufträge terminlich und kapazitiv auf die einzelnen Montagesysteme eingeplant; noch nicht vollständig abgearbeitete Aufträge (Rückstände) aus dem vorhergehenden Planungszyklus werden vorrangig behandelt. Die einzelnen Subsysteme zur Auftragseinplanung AA1 und AA5 (vgl. Bild 25) sollen im folgenden kurz beschrieben werden:

Zur Montage freigegebene Aufträge werden nach Lieferterminen den Planungsabschnitten des Planungshorizonts zugeordnet. Anhand der Vielseitigkeitsdaten der einzelnen Montagesysteme, die in den Stammdaten gespeichert sind, werden die Aufträge den Montagesubsystemen zugeteilt. Mit Hilfe des Montagefaktors der jeweiligen Erzeugnisvarianten und des verfügbaren Kapazitätsbestands im jeweiligen Montagesubsystem können nun die Aufträge nach der in Abschnitt 3.1.5 vorgestellten Methode kapazitiv eingelastet werden.

Ein Kapazitätsabgleich ist durch zeitliches Verschieben von Aufträgen im Planungshorizont desselben Montagesubsystems oder durch Übertragen auf ein anderes Montagesubsystem möglich. Weiterhin können Aufträge gesplittet werden. Der Freiheitsgrad beim Kapazitätsabgleich hängt von der Struktur des Montagesystems sowie von seiner Anpassungsfähigkeit ab (vgl. Kap. 3.1.2). Subsysteme mit einer hohen Anpassungsfähigkeit erleichtern den Kapazitätsabgleich wesentlich.

Im Montageprogramm, das für jedes Montagesystem auf der Basis des Kapazitätsabgleichs erstellt wird, sind für alle Subsysteme die zu montierenden Aufträge pro Planungsabschnitt über den gesamten Planungshorizont enthalten. Die Aufträge des ersten Planungsabschnitts bilden den *Auftragsvorrat*, innerhalb dessen die einzelnen Durchführungssysteme frei disponieren können. Die restlichen Planungsabschnitte des Planungshorizonts dienen als Vorausschau.

4.2.2 Das Durchführungssystem

Das Durchführungssystem, dessen Modellvorstellung in der 2. Approximationsstufe in Bild 26 dargestellt ist, beinhaltet alle Aufgaben zur kurzfristigen Montagesteuerung.

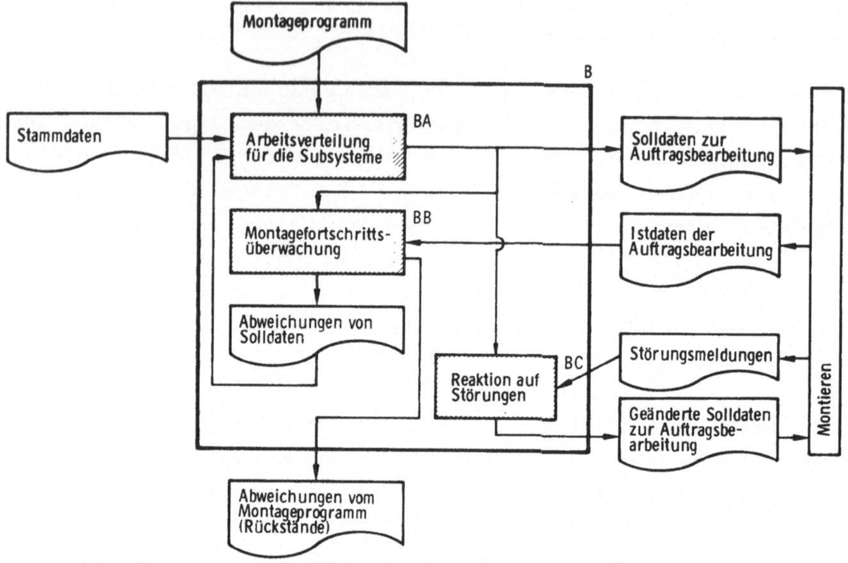

Bild 26: Modellvorstellung über das Durchführungssystem B (2. Approximationsstufe)

Ausgehend vom Auftragsvorrat im Montageprogramm erfolgt die *Arbeitsverteilung* BA für die einzelnen Montagesubsysteme. Anhand der festgelegten Daten werden die Aufträge montiert. Die montierten Stückzahlen pro Auftrag werden laufend erfaßt und im Rahmen der *Montagefortschrittsüberwachung* BB mit den Solldaten zur Auftragsbearbeitung verglichen. Bei Abweichungen kann im nächsten Arbeitsverteilungsvorgang entsprechend reagiert werden. Treten bei der Montage Störungen auf, wie

- fehlendes oder fehlerhaftes Material,
- Personalausfall,
- Betriebsmittelausfall,

so werden durch das Subsystem BC R e a k t i o n a u f S t ö r u n g e n sofort geänderte Daten zur Auftragsbearbeitung ermittelt.
Nach Abarbeitung des Auftragsvorrates werden die Abweichungen vom vorgegebenen Montageprogramm (Rückstände) z.B. einmal wöchentlich an das Terminplanungssystem für die nächste Planung zurückgemeldet.
Auf die drei Subsysteme des Durchführungssystems soll im folgenden noch näher eingegangen werden. In dieser dritten Stufe der Modellapproximation wird bereits der Ablauf im Hinblick auf eine spätere EDV-Realisierung aufgezeigt.

Im Subsystem der A r b e i t s v e r t e i l u n g (Bild 27) erfolgt zunächst eine Überprüfung der Verfügbarkeit von Material, Personal und Betriebsmitteln für den Zeitraum des Auftragsvorrats (BA 1). Dazu werden Informationen mit dem betroffenen Montagesystem ausgetauscht.

Danach ist zu entscheiden, ob die im Montageprogramm vorgeschlagene Bearbeitungsreihenfolge der Aufträge eingehalten werden kann. Da die Entscheidung durch die Mitarbeiter getroffen wird, können diese ihre Wünsche hinsichtlich der Bearbeitungsreihenfolge berücksichtigen. Dementsprechend wird die Auftragsreihenfolge für das jeweilige Montagesubsystem anschließend geändert. Für den gesamten Auftragsvorrat werden nun pro Montagesubsystem die Solldaten zur Auftragsbearbeitung ermittelt. Dazu gehören:

- die Anzahl der täglich erforderlichen Mitarbeiter,
- die tägliche Arbeitszeit,
- die täglich zu erbringende Stückzahl.

Auf diese Weise können die Mitarbeiter im Durchführungssystem ihren Arbeitsablauf selbst bestimmen und täglich nach den veränderten Anforderungen korrigieren.

Um einen aktuellen Überblick über den M o n t a g e f o r t - s c h r i t t zu erhalten, werden, wie Bild 28 zeigt, die mon-

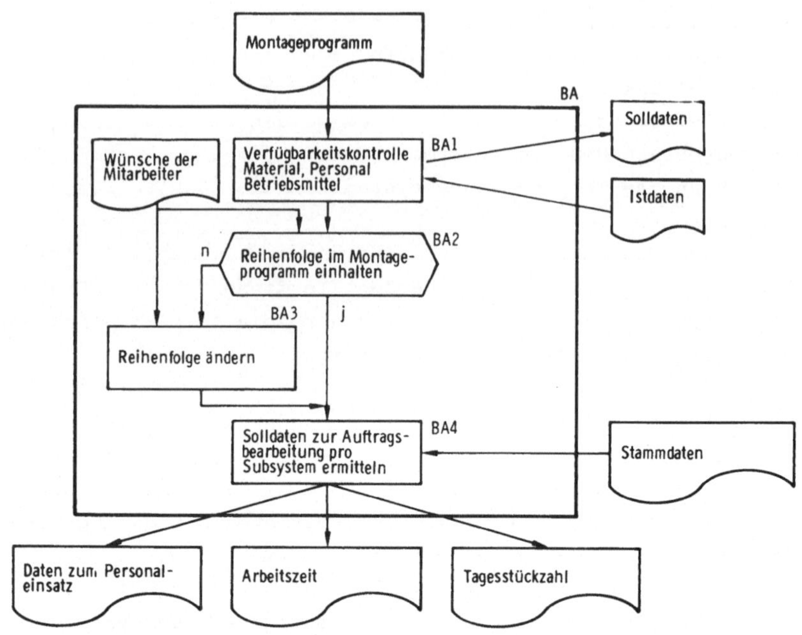

Bild 27: Struktur des Subsystems Arbeitsverteilung BA (3. Approximationsstufe)

tierten Stückzahlen pro Tag und pro Auftrag von den Mitarbeitern erfaßt und mit den Sollstückzahlen verglichen. Der Montagefortschritt wird dokumentiert und Rückstände gekennzeichnet.

Störungen im Montageablauf sollen möglichst von den Mitarbeitern im Montagesystem behoben werden, um lange Informations- und Entscheidungswege zu vermeiden und damit die Ausfallzeiten zu minimieren. Im Subsystem BC Reaktion auf Störungen (Bild 29) wird zunächst das Ausmaß einer Störung anhand der Störungsmeldung und der Ist-Daten bezüglich Material, Personal und Betriebsmittel quantifiziert. Danach werden die Maßnahmen zur Störungsbeseitigung auf der Basis des aktuellen Zustands im betroffenen Montagesystem bzw. -subsystem festgelegt. Ist die Störung mit den Mitteln des Durchführungssystems behebbar, so werden die Solldaten zur Auftragsbearbeitung entsprechend ge-

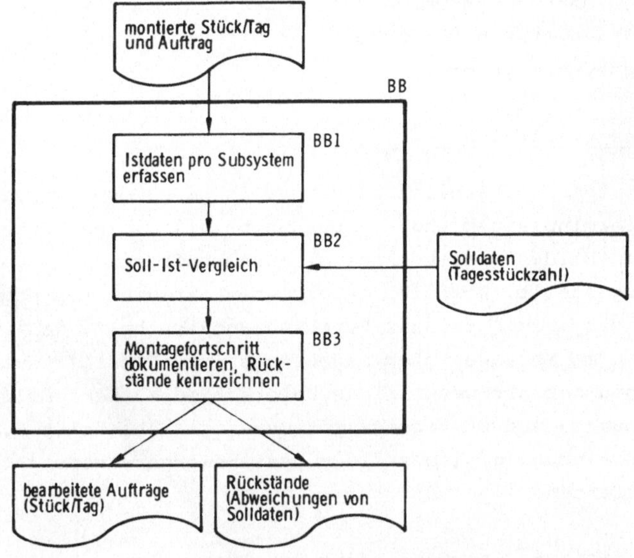

Bild 28: Struktur des Subsystems Montagefortschrittsüberwachung BB (3. Approximationsstufe)

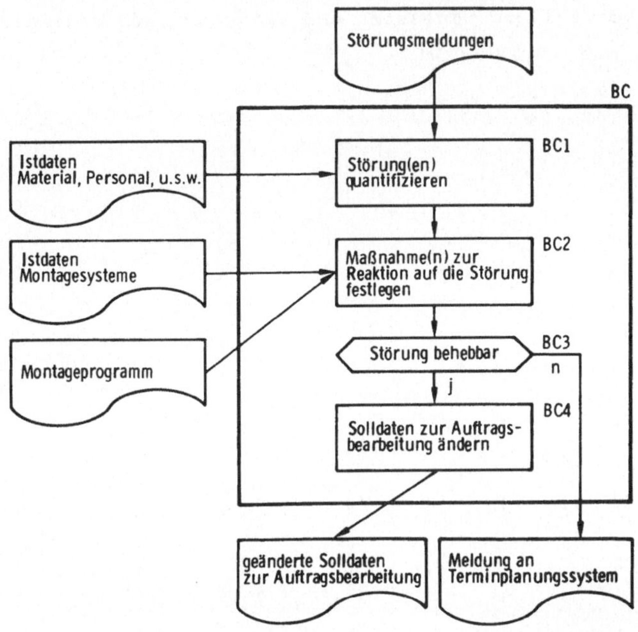

Bild 29: Struktur des Subsystems Reaktion auf Störungen BC (3. Approximationsstufe)

ändert. Bei montagesystemübergreifenden Störungen und bei vom Durchführungssystem nicht behebbaren Störungen wird das Terminplanungssystem informiert.

4.2.3 Gesamtdarstellung

Um einen besseren Überblick zu geben, ist die Modellvorstellung über die Terminplanung und -steuerung bei flexiblen Montagesystemen in Bild 30 (siehe Anhang) zusammenfassend als Gesamtsystem dargestellt. Deutlich zu erkennen ist die Trennung in das Planungssystem A und das Durchführungssystem B, das wiederum e i n e m Montagesystem zugeordnet ist. Dies ist auch vom Systemaufbau her der wesentliche Unterschied zu herkömmlichen Terminplanungs- und Steuerungssystemen (vgl. Abschnitt 3.1.4). Weitere Abweichungen sind auf der Systemelement-Ebene AA1 ... BC 4 zu erkennen.

Diese modifizierte Strukturierung des Terminplanungs- und -steuerungssystems schafft die Voraussetzung zur Realisierung der aufgestellten Anforderungen. Im nächsten Kapitel soll nun die Modellvorstellung umgesetzt und EDV-technisch realisiert werden.

5 EDV-TECHNISCHE REALISIERUNG DER MODELLVORSTELLUNG

5.1 Vorbemerkung

Eine EDV-Unterstützung bei der Durchführung der Aufgaben, die in der Modellvorstellung angesprochen sind, ist erforderlich, um den Aufwand der Terminplanung und -steuerung zu reduzieren und um gleichzeitig die Mitarbeiter von monoton-repetitiven und rechenaufwendigen Aufgaben zu entlasten. Um weiterhin die Fähigkeiten der Mitarbeiter im Terminplanungs- und Durchführungssystem, mit unvorhergesehenen Schwierigkeiten fertigzuwerden, sowie deren Erfahrungen zu nutzen und ihre Sachkompetenz zu erhalten, soll die Aufgabendurchführung i n t e r a k t i v erfolgen. Die Dialogfähigkeit der Programme ist insbesondere für das Durchführungssystem von Bedeutung, da die Rechenergebnisse dort sofort zur Verfügung stehen müssen, um Wartezeiten im Montageablauf zu vermeiden.

Zur Unterstützung von Aufgaben des Terminplanungs- und Durchführungssystems der Modellvorstellung wurde das Programmsystem M O F A S (Montagesteuerung bei flexiblen Arbeits-Systemen) entwickelt. Darin sind die in Bild 31 gekennzeichneten Aufgaben der Modellvorstellung realisiert. Die Verfügbarkeitsprüfung wurde bei der EDV-technischen Realisierung ausgeklammert, da hierfür bereits Lösungen innerhalb von Programmsystemen zur Materialwirtschaft vorhanden sind. Die Durchführung dieser Aufgabe erfolgt zeitlich unmittelbar vor der Auftragseinplanung.
Das entwickelte Programmsystem beinhaltet zwei Programm-Moduln:

- Programm MOFAS-W zur wochengenauen Planung unterstützt die Auftragseinplanung im Rahmen des Terminplanungssystems
- Programm MOFAS-T zur tagesgenauen Steuerung unterstützt das Durchführungssystem.

Die einzelnen Programm-Module, die über Dateien miteinander verbunden sind, wurden so konzipiert, daß sie auch unabhängig voneinander betrieben werden können wenn die erforderlichen Daten zur Verfügung stehen. Bild 32 zeigt diesen hierarchischen Aufbau des Programmsystems und die erforderlichen Datenbestände.

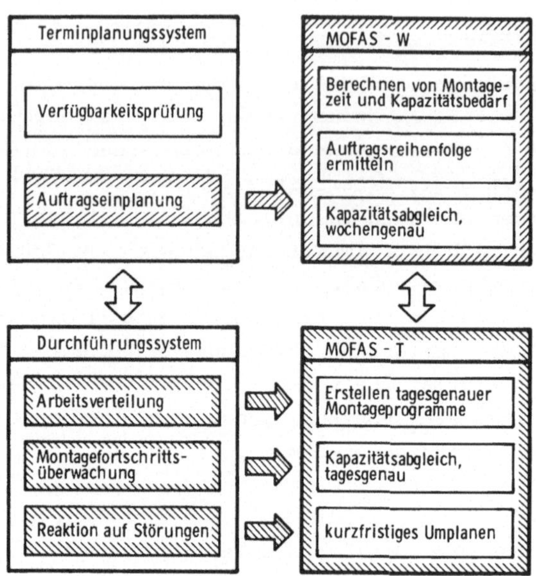

Bild 31: Im Programmsystem MOFAS realisierte Aufgaben der Modellvorstellung

Für den Einsatz der Programme wurden für die in /33/ als wesentlich bezeichneten Kenngrößen eines Terminplanungs- und Steuerungssystems die in Tabelle 2 dargestellten Ausprägungen festgelegt.
Die T e r m i n p l a n u n g erfolgt wöchentlich für einen Horizont von 4 Wochen mit einer Woche als Planungsabschnitt. Die erstellten Montageprogramme (Auftragsvorräte) beziehen sich jeweils auf ein Montagesystem-Element als kleinste Kapazitätseinheit.

Im D u r c h f ü h r u n g s s y s t e m wird täglich geplant für einen Horizont von einer Woche. Die tagesgenaue Planung bezieht sich ebenfalls auf das Montagesystem-Element als Kapazitätseinheit.
Im folgenden soll nun der Aufbau und die Anwendung der beiden Programm-Module beschrieben werden.

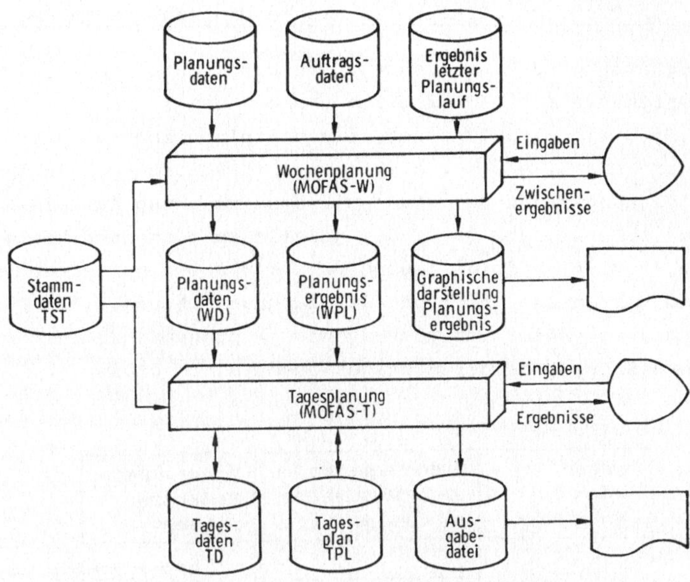

Bild 32: Schematischer Aufbau des Programmsystems MOFAS

Kenngrößen / System	Planungszyklus	Planungshorizont	Planungsabschnitt	Kapazitätseinheit	Entscheidungen
Terminplanung	wöchentlich	1 Monat	Woche	Montagesystem-Element	- Mengen - Termine - Eilaufträge
Durchführung	täglich	1 Woche	Tag	Montagesystem-Element	- Reihenfolge der Aufträge - Arbeitszeit - Arbeitsablauf

Tabelle 2: Ausprägung der Kenngrößen über den Einsatz des Programmsystems MOFAS

5.2 Das Programm MOFAS-W für das Terminplanungssystem

Das Programm MOFAS-W unterstützt den Disponenten im Terminplanungssystem bei der A u f t r a g s e i n p l a n u n g . Dabei werden, wie Bild 33 zeigt, die einzelnen Montagesysteme des Montageprozesses s u k z e s s i v mit Aufträgen belegt (vertikale Planungsrichtung). Die Auftragseinplanung auf die Subsysteme (z.B. aa, ab, usw.) des jeweils zu planenden Montagesystems (z.B. a) erfolgt jedoch s i m u l t a n getrennt nach End- und Vormontage (horizontale Planungsrichtung). Als Planungsergebnis erhält man wochengenaue Montageprogramme für die einzelnen Subsysteme der Montagesysteme a, b, c usw.

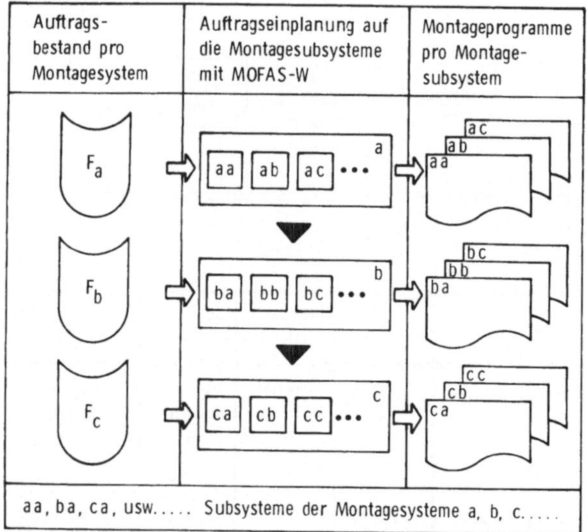

Bild 33: Vorgehensweise bei der Auftragseinplanung mit MOFAS-W auf die Montagesysteme des Montageprozesses

5.2.1 Datenbasis

Für den Einsatz von MOFAS-W ist folgende Datenbasis erforderlich (vgl. Bild 32).

Stammdaten

Zu den Stammdaten, die für jedes Montagesystem des Montageprozesses anzulegen sind, gehören alle Erzeugnisvarianten- und montagesubsystembezogenen Daten, die sich über längere Zeit hinweg nicht ändern und auftragsunabhängig sind.
Bild 34 zeigt den Aufbau der verwendeten Stammdatei am Beispiel eines Montagesystems a das aus vier Montagesubsystemen besteht. Der Kopf der Datei enthält ein Feld in dem die für jedes Montagesubsystem zulässigen Mitarbeiterzahlen Z (vgl. Kapitel 3.1.5) enthalten sind. Im darunter angeordneten Feld sind dann den einzelnen Erzeugnisvarianten ihre charakteristischen Daten zugewiesen. Dazu gehört einmal die Nummer der Erzeugnisvariante, ihr Montagefaktor MF sowie die Nummer des Montagesubsystems auf dem diese Variante montiert werden kann. Daran anschließend folgen die Werte für die Systemwirkungsgrade SW in Abhängigkeit

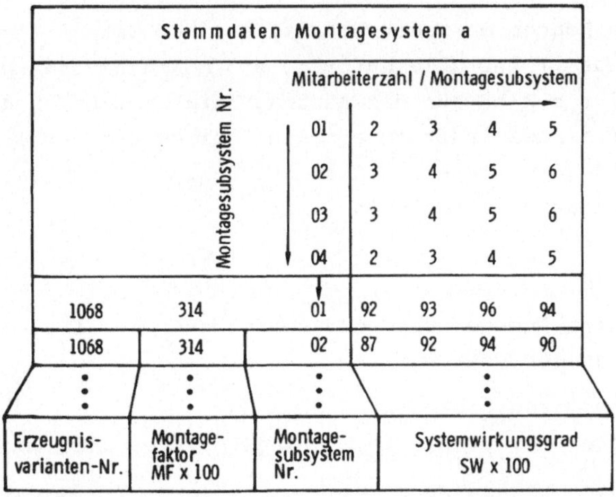

Stammdaten Montagesystem a

		Montagesubsystem Nr.	Mitarbeiterzahl / Montagesubsystem			
		01	2	3	4	5
		02	3	4	5	6
		03	3	4	5	6
		04	2	3	4	5
1068	314	01	92	93	96	94
1068	314	02	87	92	94	90
⋮	⋮	⋮			⋮	
Erzeugnis-varianten-Nr.	Montage-faktor MF x 100	Montage-subsystem Nr.	Systemwirkungsgrad SW x 100			

Bild 34: Aufbau der Stammdatei

von der Mitarbeiterzahl pro Montagesubsystem. Diese Werte werden in der Stammdatei pro Erzeugnisvariante für alle Montagesubsysteme eingetragen, auf die diese Variante eingeplant werden kann. Demzufolge ist jede Erzeugnisvariante sooft in den Stammdaten aufgeführt, wie sie in Montagesubsystemen bearbeitet werden kann. Sind nicht alle Montagesubsysteme gleich gut für die Bearbeitung der jeweiligen Erzeugnisvarianten geeignet (unterschiedliche Systemwirkungsgrade bei gleicher Mitarbeiterzahl), so wird bei der automatischen Zuordnung von Varianten zu Montagesubsystemen immer das als erstes genannte System ("Ideal-System") gewählt.

Auftragsdaten

Der Datensatz für einen Auftrag umfaßt

- Auftragsnummer,
- Erzeugnisvariantennummer,
- Montagestückzahl,
- Lieferstückzahl,
- Montagewoche,
- Lieferwoche,
- externe Priorität.

Diese Daten können entweder mit Hilfe eines Datenträgers (Band, Lochkarten usw.) für alle Aufträge pro Montagesystem gleichzeitig d i r e k t auf die Auftragsdatei geschrieben werden oder aber für jeden Auftrag einzeln über Bildschirm eingegeben werden. Bild 35 zeigt einen Ausschnitt aus der Auftragsdatei, die nach Montagewochen geordnet ist.

Planungsdaten

Hierzu gehören Angaben über die verfügbare Kapazität der einzelnen Montagesubsysteme:

- Arbeitszeit pro Tag und Woche,
- Mitarbeiterzahl pro Montagesubsystem und -woche.

Um den Eingabeaufwand zu reduzieren, können die "Normalwerte" für diese Daten (z.B. 8 Stunden pro Tag und 4 Mitarbeiter pro

Auftragsdaten Woche 22

Auftrags-nummer	Erzeugnis-varianten-Nr.	Montage-stückzahl	Liefer-stückzahl	Montage-sub-system	Montage-woche	Liefer-woche	Priori-tät
22101	1068	150	150	20	22	22	0
22102	1054	100	100	10	22	22	0
22103	1044	225	225	20	22	22	0
⋮	⋮	⋮	⋮	⋮	⋮	⋮	⋮
22112	1047	100	100	40	22	22	0

Bild 35: Ausschnitt aus der Auftragsdatei

Montagesubsystem) fest abgespeichert werden. Bei Abweichungen können sie jedoch jederzeit während des Einplanungsvorgangs verändert werden.

Planungsergebnisse

Das Ergebnis jedes Programmlaufs wird auf einer Datei gespeichert und beim nächsten Planungsvorgang als Basis für Änderungen wieder eingelesen. Diese Datei enthält die erstellten Montageprogramme, geordnet nach Montagesubsystemen und -wochen, sowie Angaben zur Erstellung der graphischen Kapazitätsbelastungsübersichten.

5.2.2 Planungsschritte mit dem Programm MOFAS-W

In Bild 36 sind die Arbeitsschritte dargestellt, die zur Auftragseinplanung mit MOFAS-W erforderlich sind. Auf der rechten Bildseite ist der Bezug zu den Subsystemen der Modellvorstellung angegeben (vgl. Bild 25), die dem Programmablauf zugrunde liegt. Das Bild zeigt weiterhin die Aufgabenteilung zwischen Disponent (Benutzer) und dem EDV-Programm. Alle Aufgaben und Entscheidungen, die betriebliche Erfahrung und Kenntnisse der aktuellen

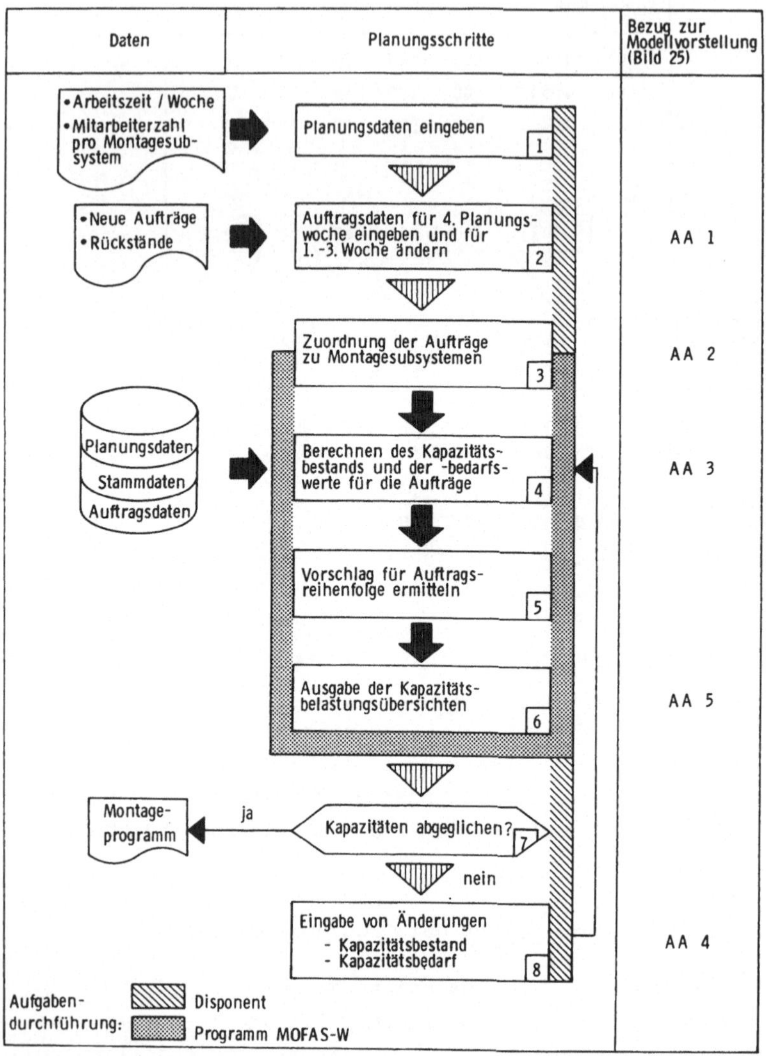

Bild 36: Planungsschritte mit dem Programm MOFAS-W

Situation im Montageprozeß voraussetzen, werden vom Disponenten durchgeführt, während die Routineaufgaben der EDV übertragen wurden.
Im folgenden werden die einzelnen Planungsschritte kurz anhand eines Beispiels /34/ erläutert, bei dem als flexibles Montagesystem ein Montagegruppensystem (vgl. Kapitel 3.1.1) zugrunde gelegt wird, das aus vier parallelen Montagegruppen besteht. Eine ausführliche Beschreibung mit den Darstellungen der Bildschirmausgaben und Listen befindet sich im Anhang.

Schritte zur Terminplanung mit MOFAS-W:

1.) Planungsdaten eingeben
Für eine neue Terminplanung werden die für den Planungszeitraum (Woche 21 - 24) aktuellen Planungsdaten eingegeben:
- 8 Arbeitsstunden pro Tag,
- 4 Mitarbeiter pro Montagegruppe und -woche.

2.) Auftragsdaten eingeben
Bei einem wöchentlichen Planungszyklus werden die Daten der neuen Aufträge für die 4. Planungswoche (Woche 24) über Bildschirm eingegeben. Weiterhin können aufgrund veränderter Anforderungen Änderungen im Auftragsbestand der Wochen 21 - 23 vorgenommen werden (z.B. Einplanung von Eilaufträgen).

3.) Zuordnung von Aufträgen zu Montagesubsystemen
Das Programm bietet dazu zwei Möglichkeiten
- automatische Zuordnung aufgrund der gespeicherten Stammdaten,
- wahlfreie Zuordnung durch Eingabe über den Bildschirm.

4.) Berechnen von Kapazitätsbestand und -bedarf
Um die Kapazitätsgrenze zu kennen, wird zunächst der Kapazitätsbestand pro Montagesubsystem aufgrund der vorgegebenen Planungsdaten berechnet. Anschließend werden die Kapazitätsbedarfswerte für die einzelnen Aufträge ermittelt und montagesubsystem- und montagewochenweise aufsummiert. Bild 37 veranschaulicht diesen Vorgang.

5.) Vorschlag für die Ermittlung der Auftragsreihenfolge
Parallel zur Kapazitätsbelastungsrechnung wird pro Montagegruppe ein Vorschlag für die Auftragsreihenfolge pro Planungswoche erstellt. Dabei werden vorgegebene Prioritäten berücksichtigt.

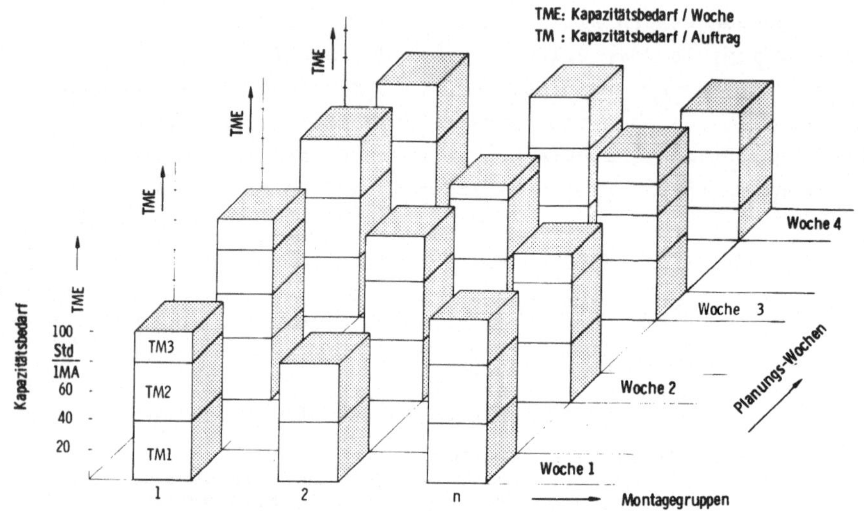

Bild 37: Beispielhafte Darstellung des Kapazitätsbedarfs pro Montagegruppe und Planungswoche

6.) <u>Ausgabe der Kapazitäts-Belastungsübersichten</u>
Um den Disponenten eine ausreichende Entscheidungsgrundlage für einen evtl. Kapazitätsabgleich zur Verfügung zu stellen, werden die Kapazitätsbelastungsübersichten graphisch und in Listenform mit den entsprechenden Planungskennzahlen ausgegeben. Die graphischen Darstellungen geben ausschnittsweise den Inhalt von Bild 37 wieder, in dem einmal die Kapazitätsbelastung pro Montagegruppe über alle 4 Planungswochen aufgezeigt wird und zum anderen pro Planungswoche die Kapazitätssituation für alle 4 Montagegruppen verglichen wird. Wesentlich an diesen Belastungsübersichten ist die Kennzeichnung der jeweiligen Aufträge die den Kapazitätsbedarf verursachen (vgl. Bild 38).

7.) <u>Entscheidung über einen Kapazitätsabgleich</u>
Anhand der Belastungsübersichten entscheidet der Disponent ob und in welcher Weise ein Kapazitätsabgleich vorgenommen wird.

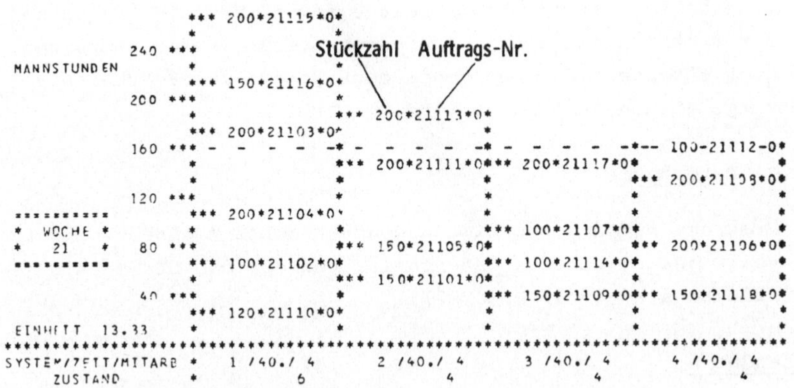

Bild 38: Kapazitätsbelastungsübersicht für 4 Montagegruppen in der Planungswoche 21

8.) <u>Eingabe von Änderungen zum Kapazitätsabgleich</u>
Treten in den einzelnen Montagegruppen Über- bzw. Unterlastungen auf, so wird ein neuer Planungslauf gestartet, für den Planungs- und/oder Auftragsdaten geändert werden. Nach diesem Planungslauf stehen wiederum Kapazitätsbelastungsübersichten zur Verfügung. Auf diese Weise entsteht ein iterativer Planungsprozeß, dessen Ergebnis ein abgeglichenes Montageprogramm darstellt.

5.3 Das Programm MOFAS-T für das Durchführungssystem

Das Programm MOFAS-T wurde zur Unterstützung des Durchführungssystems entwickelt. Zusammen mit dem Programm MOFAS-W bildet es ein hierarchisch gestuftes System zur Terminplanung und -steuerung flexibler Montagesystem, das die folgenden beiden Funktionen erfüllt:

- Umsetzen des wochengenauen Montageprogramms in ein tagesgenaues Montageprogramm,
- Bereitstellung von Informationen und Entscheidungshilfen zur Durchführung der Aufgaben der kurzfristigen Montagesteuerung durch eine interaktive Datenverarbeitung.

Das tagesgenaue Montageprogramm - im folgenden auch Tagesprogramm genannt - ist Arbeitsgrundlage sowohl für die Disponenten zur Reaktion auf montagesubsystem-übergreifende Störungen, als auch für die einzelnen Montagesubsysteme zur Bearbeitung des vorgegebenen Auftragsvorrats.

5.3.1 Datenbasis

Das Programm MOFAS-T benötigt gegenüber MOFAS-W eine veränderte und teilweise erweiterte Datenbasis, bei der die Stammdaten jedoch gleich sind (vgl. Bild 32).

Wochendaten

Die Wochendaten beinhalten das Planungsergebnis von MOFAS-W und sind unterteilt in das wochengenaue Montageprogramm und die dazugehörigen Planungsdaten sowie die Kapazitätsbedarfswerte für jedes Montagesubsystem und jede Planungswoche. Bild 39 zeigt einen Ausschnitt aus der Wochendatei.

Arbeitsdaten

Die Arbeitsdaten bilden die Grundlage für jede Neuerstellung eines tagesgenauen Montageprogramms. Da Korrekturen nur innerhalb der ersten Planungswoche möglich sind, sind auch nur Auftragsdaten dieser Woche enthalten. Einen weiteren Teil der Arbeitsdaten stellen die Korrekturen dar, die alle noch nicht in die Planung genommenen Korrekturwünsche des Benutzers umfassen.

Tagesdaten

Diese Datenmenge spiegelt den jeweils aktuellen Stand der Tagesplanung wieder und gliedert sich - wie die Wochendaten - in den Tagesplan (Planungsdaten) und in die Tagesdaten (Auftragsdaten). Sie werden erstmals in der Initialisierungsphase erstellt und anschließend bei jedem Änderungslauf durch Aufruf eines bestimmten Unterprogramms aktualisiert. Die Eingabe von Korrekturen ohne Anstoß dieses Unterprogramms beeinflußt diese Tagesdaten nicht. Hiermit bleibt auch nach Vorgabe falscher Änderungen ein korrekter Aufsetzpunkt für weitere Planungsläufe gewährleistet. Arbeitsdaten und Tagesdaten sind also Ausdruck voneinander unabhängiger Planungszustände und können sich daher durchaus inhaltlich widersprechen.

Planungsdaten

Montagesystem

Planungswoche: 22 23 24 25

Kapazitätsbedarf TME			
198.535	159.537	166.510	200.247
190.911	181.729	182.618	225.225
175.685	177.703	223.475	212.822
101.351	132.883	124.799	191.780

Aufträge/System			
19	4	3	3
8	8	4	2
6	9	5	3
4	9	3	2
5	4	4	5

Mitarbeiter/System			
5	5	5	6
5	5	6	6
3	4	4	5

Arbeitszeit/Tag				
8.00	8.00	8.00	8.00	8.00
8.00	8.00	8.00	8.00	8.00
8.00	8.00	8.00	8.00	8.00
8.00	8.00	8.00	8.00	8.00

Auftragsdaten

23101	1068	314	20	150	150	20	23	23
23102	1054	314	40	100	100	10	23	23
23103	1054	314	10	200	200	10	23	23
23104	1044	314	10	200	200	10	23	23
23105	1027	444	10	150	150	20	23	23
23106	1026	444	30	200	200	40	23	23
23107	1025	444	40	100	100	30	23	23

Bild 39: Ausschnitt aus der Wochendatei

5.3.2 Arbeitsschritte mit dem Programm MOFAS-T

MOFAS-T bietet den Mitarbeitern in den Montagesystemen bei den in Bild 40 dargestellten Arbeitsschritten interaktive Unterstützung. In diesem Bild sind weiterhin der Bezug zur Modellvorstellung über das Durchführungssystem (vgl. Abschnitt 4.2.2) sowie die programminternen Bezeichnungen angegeben.

Auch für dieses Programm sollen die einzelnen Arbeitsschritte wieder anhand des vorherigen Beispiels (vgl. Abschnitt 5.2.2) erläutert werden. Die ausführliche Programmbeschreibung befindet sich im Anhang.

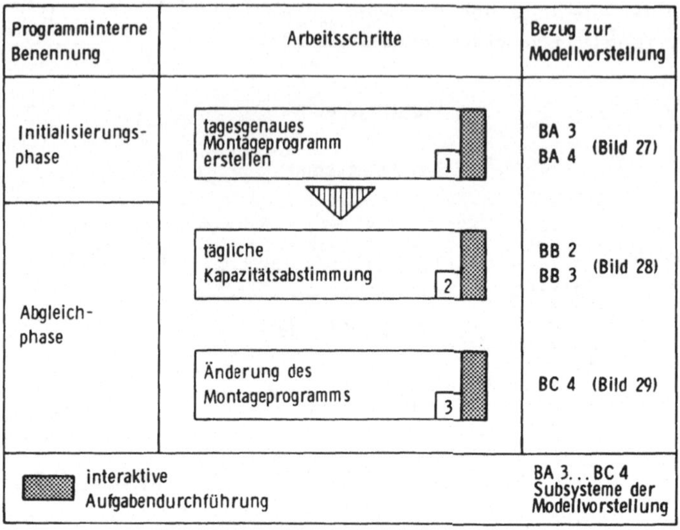

Programminterne Benennung	Arbeitsschritte	Bezug zur Modellvorstellung
Initialisierungsphase	tagesgenaues Montageprogramm erstellen [1]	BA 3, BA 4 (Bild 27)
Abgleichphase	tägliche Kapazitätsabstimmung [2]	BB 2, BB 3 (Bild 28)
	Änderung des Montageprogramms [3]	BC 4 (Bild 29)
▒ interaktive Aufgabendurchführung		BA 3...BC 4 Subsysteme der Modellvorstellung

Bild 40: Arbeitsschritte mit den Programmen MOFAS-T

Betrachtet man die Aufgaben, die bei der Durchführung eines Montageprogramms in einer Montagegruppe anfallen, so ergibt sich die in Bild 41 dargestellte prinzipielle zeitliche Verteilung über eine Arbeitswoche.
Das Vorbereiten beinhaltet das Umsetzen des wochengenauen Montageprogramms in ein tagesgenaues Montageprogramm (1. Arbeitsabschnitt) nach den Wünschen der Mitarbeiter in der Montagegruppe und der aktuellen Situation im Montagesystem.

Danach werden die Aufträge in der festgelegten Reihenfolge von den einzelnen Montagegruppen montiert. Beim Überwachen erfolgt die tägliche Kapazitätsabstimmung (2. Arbeitsabschnitt). Dabei wird die an diesem Tag zu montierende Stückzahl aufgrund der aktuellen Kapazitätssituation in der Montagegruppe festgelegt. Weiterhin fällt unter die Überwachungsfunktion auch die mit der Reaktion auf Störungen verbundene Änderung des Montageprogramms (3. Arbeitsabschnitt).

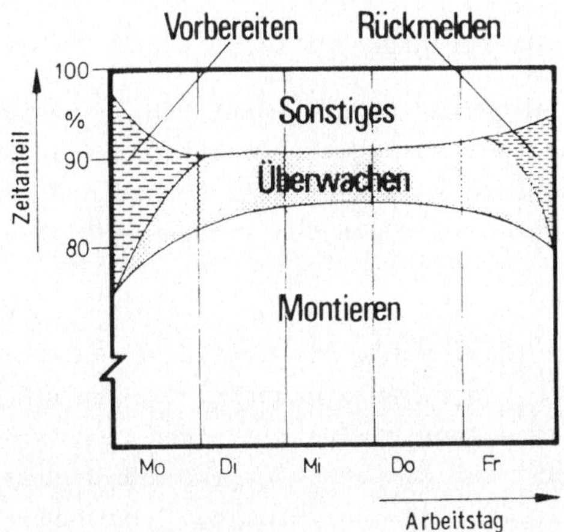

Bild 41: Prinzipielle zeitliche Verteilung der Aufgaben in einem Durchführungssystem

Hier können

- Auftragsreihenfolgen,
- Tagesstückzahlen bzw.
- Personenzahl pro Montagegruppe

geändert werden.

Darauf aufbauend wird dann ein neues Montageprogramm erstellt. Nach der Abarbeitung des Auftragsvorrats (Wochenabschluß) erfolgt die Kapazitätsabstimmung (2. Arbeitsschritt) in abgewandelter Form, indem abgearbeitete Auftragsstückzahlen und eventuelle Rückstände dokumentiert werden (R ü c k m e l d e n).

6 EINSATZASPEKTE DES ENTWICKELTEN VERFAHRENS MOFAS

6.1 Ermittlung von Erfahrungswerten

Um charakteristische Werte für die Benutzung des Programmsystems MOFAS zu erhalten, wurden zahlreiche Tests durchgeführt. Sie sollten insbesondere Aufschluß über den zu erwartenden Planungs- und Steuerungsaufwand mit den Programm-Modulen MOFAS-W und MOFAS-T geben.
Da das Fertigungsprogramm die Eingangsdaten für die Terminplanung mit MOFAS-W liefert, wurde mit den Tests der Planungshorizont eines solchen Programms abgedeckt. Dieser umfaßt in vielen Betrieben der Konsumgüterindustrie einen Zeitraum von 6 Monaten. Zur Erstellung der Montageprogramme für diesen Zeitraum waren bei wöchentlichem Planungszyklus ca. 50 Planungsvorgänge mit MOFAS erforderlich.
Da mit dem Programmsystem interaktiv gearbeitet wird, reicht die Rechenzeit (CPU-Zeit) als Maß für die Bewertung des Zeitaufwands nicht aus, vielmehr sind zusätzlich Eingabezeit und Dispositionszeit zu erfassen, um die gesamte Planungszeit zu ermitteln.
Die Rechenzeit ist abhängig von der Leistungsfähigkeit der verwendeten EDV-Anlage. Die hier beschriebenen Erfahrungswerte wurden auf einer CDC-6600 ermittelt.
Die Eingabezeit umfaßt die Zeit, die benötigt wird, um den Planungsvorgang EDV-technisch vorzubereiten und alle Daten während des Programmablaufs über Bildschirm einzugeben. Diese Zeit wird einerseits durch die Routine des Benutzers, zum anderen aber durch die Antwortzeit am Bildschirm beeinflußt.

Mit der Dispositionszeit wird der Zeitanteil ausgedrückt, den der Benutzer benötigt, um aufgrund der vorliegenden Kapazitätsbelastungsübersichten, die Entscheidungen über Art und Weise des Kapazitätsabgleichs zu treffen und entsprechende Änderungen im Kapazitätsbestand bzw. Auftragsbestand vorzubereiten. Die Planungszeit umfaßt die Gesamtzeit zur Erstellung eines Montageprogramms. Sie setzt sich aus den drei oben aufgeführten Einzelzeitanteilen und einem Restzeitanteil für die sonstigen Tätigkeiten (z.B. Druckerprotokoll abholen) zusammen.

Für die Ermittlung dieser Zeiten wurden folgende R a n d b e d i n g u n g e n festgelegt:
Um bei der Auftragseinplanung alle planerischen Freiheitsgrade nutzen zu können, wurde ein Montagesystem mit Gruppenstruktur, bestehend aus 4 Subsystemen (Montagegruppen) gewählt, da es eine hohe Flexibilität aufweist (vgl. Kapitel 3.1.2). In diesem Montagesystem werden 26 Varianten eines Erzeugnisses montiert; die relative Vielseitigkeit der einzelnen Montagegruppen beträgt $\varepsilon_{vr} = 1$, d.h. jede Montagegruppe kann jede Erzeugnisvariante montieren.
Die Montagegruppen können mit folgenden Mitarbeiterzahlen besetzt werden:

- Montagegruppe 1 2/3/4/5
- Montagegruppe 2 3/4/5/6
- Montagegruppe 3 3/4/5/6
- Montagegruppe 4 2/3/4/5

Die Montagefaktoren MF wurden mit den realen Vorgabezeiten für die Montage der Erzeugnisvarianten eines Konsumgüterherstellers und einem durchschnittlichen Leistungsgrad von 1,2 errechnet (vgl. Abschnitt 3.1.5).

Um den Planungsaufwand in Abhängigkeit von der Anzahl der Aufträge pro Monat zu ermitteln, wurde die Auftragszahl zwischen 20 und 70 Aufträgen variiert. Da dabei jedoch der Kapazitätsbestand im Montagesystem konstant gehalten wurde (16 Mitarbeiter), ergab sich zwangsweise eine Verringerung der durchschnittlichen Auftragsstückzahl mit steigender Auftragsanzahl (vgl. Bild 42).

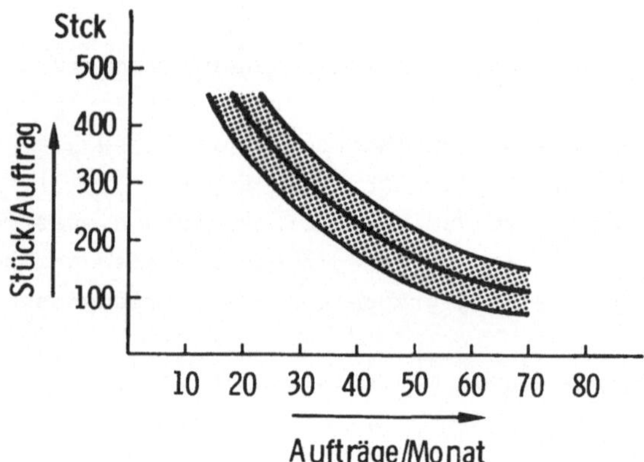

Bild 42: Bandbreite der Stückzahl pro Auftrag in Abhängigkeit von der entsprechenden Auftragsanzahl pro Monat

6.1.1 Testergebnisse der Auftragseinplanung mit MOFAS-W

Betrachtet man die ermittelten Zeitanteile zur Auftragseinplanung mit MOFAS-W, so ergeben sich die in Bild 43 dargestellten Zusammenhänge mit der Auftragsanzahl pro Monat. Als Bezugsbasis für den Zeitaufwand wurde der Planungshorizont des Verfahrens (1 Monat) gewählt, um Vergleiche mit den auf dieser Basis arbeitenden manuellen Verfahren zu ermöglichen. Der Zeitaufwand zur Erstellung des wöchentlichen Montageprogramms mit MOFAS-W beträgt demzufolge ein Viertel der im Bild 43 aufgeführten Zeiten.

Wie zu erwarten war, steigt die E i n g a b e z e i t mit der größer werdenden Auftragszahl pro Monat ebenso linear an, wie die im Bild 44 dargestellte erforderliche R e c h e n z e i t . Nicht vorherzusehen war jedoch der lineare Verlauf der D i s - p o s i t i o n s z e i t , deren Steigung im Vergleich zu Rechen- und Eingabezeit gering ist.
Somit ergibt sich auch eine lineare Zunahme der Planungszeit bei wachsenden Auftragszahlen pro Monat. Der Zeitaufwand zur Einplanung von beispielsweise 30 Aufträgen pro Monat auf die 4 Montagegruppen beträgt demzufolge wöchentlich ca. 17 Minuten bzw. monatlich 70 Minuten.

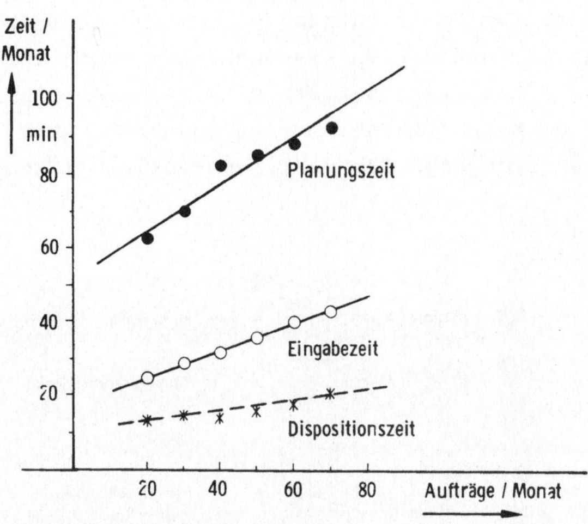

Bild 43: Zeitaufwand zur Auftragseinplanung mit MOFAS-W bezogen auf einen Monat

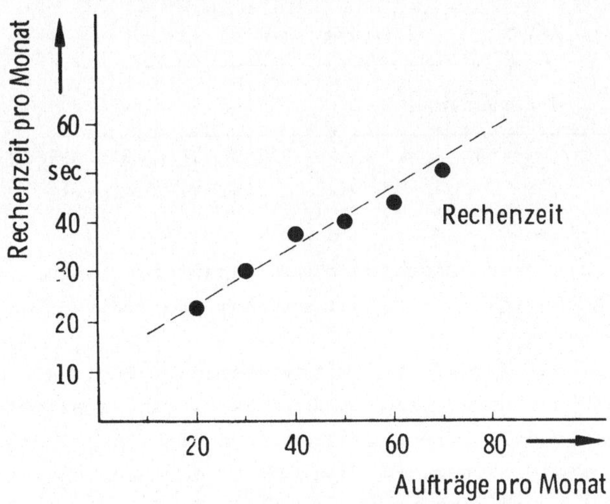

Bild 44: Erforderliche Rechenzeit für das Programm MOFAS-W

Die Tests haben gezeigt, daß ein nach Kapazitäten abgeglichenes Montageprogramm nach dem ersten Planungsvorgang nur selten erzielt werden kann. Zum Kapazitätsabgleich waren deshalb weitere Planungsvorgänge mit geänderten Planungs- bzw. Auftragsdaten erforderlich (vgl. Abschnitt 5.2.2). Bild 45 zeigt die Anzahl der Änderungen zur Kapazitätsabstimmung in Abhängigkeit von der Anzahl der Planungsvorgänge für 4 Planungszyklen (4 Wochen).

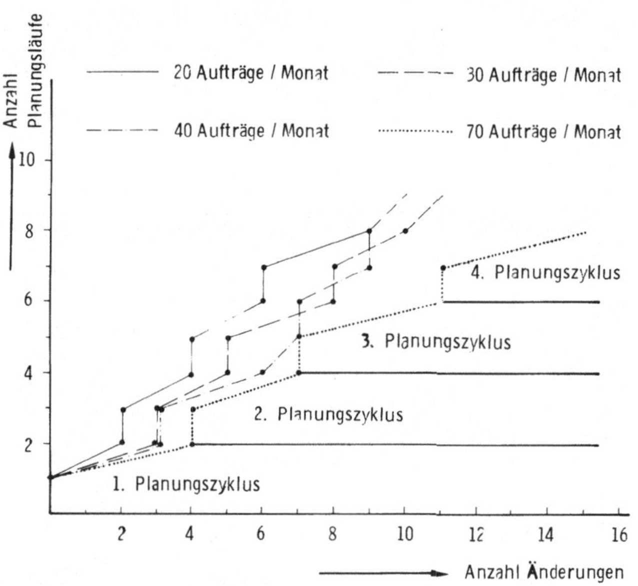

Bild 45: Durchgeführte Änderungen zur Kapazitätsabstimmung in Abhängigkeit von Auftragszahl pro Monat

Bild 45 zeigt, daß für kleine Auftragszahlen (20 bis 40) ca. zwei bis drei Änderungen pro Planungszyklus zur Kapazitätsabstimmung ausreichen, während große Auftragszahlen ca. vier Änderungen notwendig machen. Für die Anzahl der Planungsvorgänge, die zur Kapazitätsabstimmung erforderlich sind, läßt sich dagegen keine exakte Aussage machen. Aus den ermittelten Werten kann jedoch geschlossen werden, daß eine geringe Auftragszahl mehr Planungsvorgänge erfordert, da die Zahl der Änderungsalternativen zum Kapazitätsabgleich gegenüber großen Auftragszahlen eingeschränkt ist. Wie Bild 45 weiter zeigt, reichen in den meisten Fällen zwei Planungsvorgänge pro Planungszyklus aus, um das Montageprogramm für die einzelnen Subsysteme des Montagesystems zu erstellen. Dabei werden im ersten Planungsvorgang neue Aufträge eingegeben; im zweiten Planungsvorgang werden dann die Kapazitäten abgeglichen.

Bei der Verschiebung von Aufträgen bzw. Teilaufträgen zwischen Montagesubsystemen zum Kapazitätsabgleich, sind die S y s t e m w i r k u n g s g r a d e der jeweiligen Erzeugnisvarianten in den Montagesubsystemen zu berücksichtigen (vgl. Abschnitt 3.1.5). Bei unterschiedlichen Systemwirkungsgraden der Erzeugnisvariante in verschiedenen Montagesubsystemen treten Verlustzeiten bei der Auftragsbearbeitung auf. Bild 46 zeigt an einem Beispiel die Verschiebung eines Auftrags vom "Ideal-Montagesubsystem" auf die Montagesubsysteme 2, 3 und 4 mit "schlechteren" Systemwirkungsgraden. Dabei wird deutlich, daß zur Montage der gleichen Auftragsstückzahl ein höherer Kapazitätsbedarf anfällt.

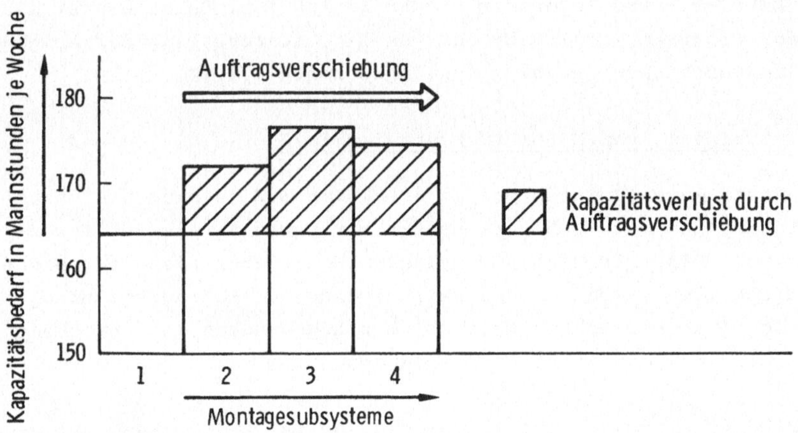

Bild 46: Kapazitätsbedarf zur Montage eines Auftrags auf Montagesystemen unterschiedlicher Wirkungsgrade

6.1.2 Testergebnisse zum Einsatz von MOFAS-T im Durchführungssystem

Das Programm MOFAS-T muß außer in der Initialisierungsphase, in der die tagesgenauen Montageprogramme für die Montagesubsysteme erstellt werden, nur den Auftragsbestand e i n e r Woche verarbeiten.
Für die mit MOFAS-W geplanten Auftragsvolumen von 20 bis 70 Aufträgen pro Monat wurden in der Initialisierungsphase von MOFAS-T R e c h e n z e i t e n zwischen 1,5 und 2,0 Sekunden benötigt.
Die ermittelte P l a n u n g s z e i t zur Durchführung des täglichen Kapazitätsabgleichs für vier Montagegruppen liegt zwischen 2 und 3 Minuten.
Ebenfalls gering ist die P l a n u n g s z e i t zur Reaktion auf Störungen bzw. zur Änderung des Montageprogramms für ein Montagesubsystem. Bei fünf Änderungen, einschließlich der Erstellung und Ausgabe des neuen, veränderten Montageprogramms beträgt sie ca. 5 bis 7 Minuten.

Aus diesen Angaben folgt, daß der Zeitaufwand für die Benutzung von MOFAS-T - wie gefordert - sehr gering ist. Daher eignet sich dieser Programm-Modul sehr gut für die Unterstützung der Aufgaben im Durchführungssystem (vgl. Abschnitt 4.2.2).

6.2 Einsatz von MOFAS im konkreten Fall

Als Montagesystem wurde das in Abschnitt 3.2 untersuchte "neue" Montagesystem mit Kombinationsstruktur gewählt. Aus der Anwendung von MOFAS für dieses Montagesystem ergeben sich Vergleichsmöglichkeiten bezüglich des Zeitaufwands zur Montagesteuerung mit den im untersuchten Betrieb noch angewandten konventionellen Planungs- und Steuerungsverfahren.

In Bild 47 sind die Arbeitsschritte und ihr Zeitaufwand aufgeführt, die von den Disponenten bei der manuellen Einplanung der Aufträge auf die Subsysteme des neuen Montagesystems erforderlich sind. Zunächst wird, ausgehend vom Fertigungsprogramm, in

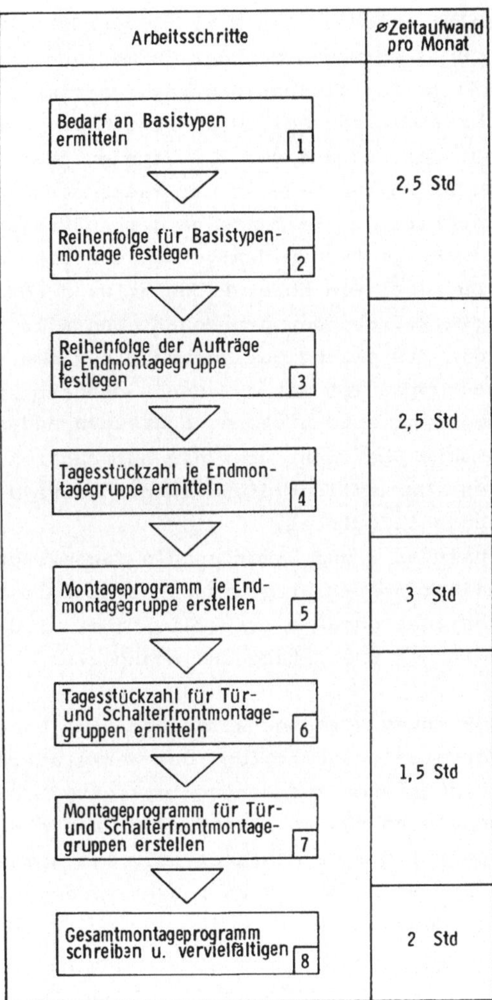

Bild 47: Arbeitsschritte und Zeitaufwand für die manuelle Auftragseinplanung

dem die monatlich zu montierenden Stückzahlen pro Erzeugnisvariante enthalten sind, der Bedarf an Basistypen für den zu planenden Monat ermittelt. Aufgrund der Materialverfügbarkeit und den Randbedingungen zur Abstimmung mit der Endmontage wird die Bearbeitungsreihenfolge für die Basismontage bestimmt. Für diese beiden Arbeitsschritte wurde bei 30 Aufträgen pro Monat ein durchschnittlicher Zeitaufwand von 2,5 Stunden pro Monat festgestellt. Anhand der Reihenfolge in der Basismontage wird im nächsten Arbeitsschritt die Reihenfolge der Auftragsbearbeitung in den 4 Endmontagegruppen festgelegt und die Tagesstückzahl ermittelt. Da dabei ein hoher Rechenaufwand anfällt, ist der Zeitaufwand mit 2,5 Stunden pro Monat ebenfalls recht hoch. Der Aufwand für die Erstellung der Montageprogramme für die einzelnen Endmontagegruppen ist mit 3 Stunden deshalb so hoch, da einmal je Montagegruppe eine Liste zu schreiben und zum anderen eine graphische Übersicht über die Auftragsreihenfolge zu zeichnen ist. Diese Darstellung dient insbesondere dem Leitstand als Steuerungshilfsmittel.
In den Arbeitsschritten 6 und 7 werden die Tagesstückzahlen für die Tür- und Schalterfront-Montagegruppen ermittelt und die entsprechenden Montageprogramme erstellt. Dabei wird von den Tagesstückzahlen in der Endmontage ausgegangen.

Zum Abschluß des Planungsvorgangs wird noch eine Übersicht für das Gesamtmontagesystem erstellt, das dem Werkstattführungspersonal sowie den Disponenten zur Montagefortschrittsüberwachung dient. Der Gesamtaufwand zur so ablaufenden m a n u e l l e n Auftragseinplanung auf dieses Montagesystem mit seinen 7 Subsystemen beträgt pro Monat bei 30 zu bearbeitenden Aufträgen pro Monat 11,5 Stunden.

Beim Einsatz von MOFAS zur Terminplanung dieses Montagesystems kann die Anzahl und die Folge der Arbeitsschritte geändert werden, da die Transparenz der Planung wesentlich erhöht wird. Bild 48 zeigt diesen veränderten Planungsablauf mit dem für die einzelnen Arbeitsschritte erforderlichen Zeitaufwand.
Im Arbeitsschritt 1' werden die zu montierenden Aufträge den 4 Endmontagegruppen zugeordnet und die Reihenfolge der Bearbei-

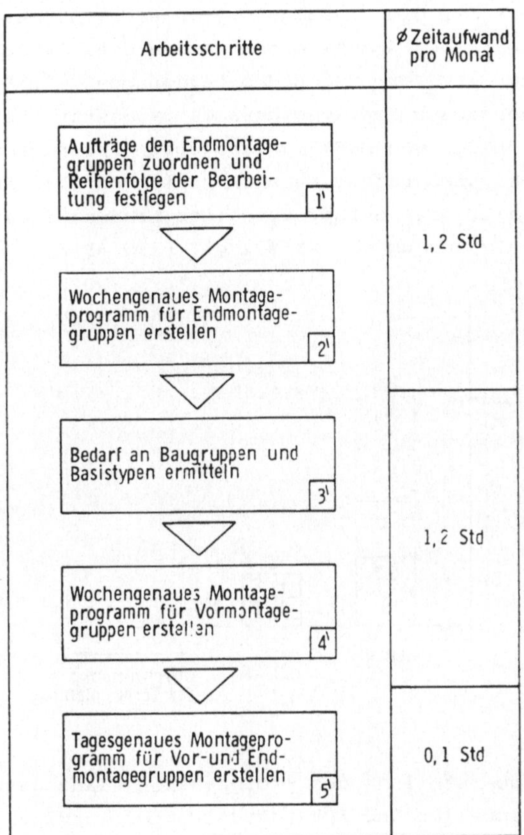

Bild 48: Arbeitsschritte und Zeitaufwand für die EDV-unterstützte Auftragseinplanung mit MOFAS

tung festgelegt. Hier erfolgt auch eine Aufteilung der Aufträge auf die 4 Planungsabschnitte (Wochen) des Planungshorizonts von einem Monat. Danach werden mit MOFAS-W die wochengenauen Montageprogramme für die einzelnen Endmontagegruppen erstellt. Aufgrund der ermittelten Erfahrungswerte (vgl. Abschnitt 6.1.1) sind dafür ca. 70 Minuten pro Monat erforderlich. Anhand der Endmontageprogramme können nun die Bedarfszahlen für die Baugruppen und Basistypen ermittelt werden. Die Erstellung der Montageprogramme für die einzelnen Vormontagegruppen erfolgt ebenfalls mit MOFAS-W. Anschließend werden diese wochengenauen Montageprogramme für Vor- und Endmontagegruppen mit Hilfe von MOFAS-T in tagesgenaue Montageprogramme umgesetzt. Der Planungsaufwand für die von MOFAS unterstützte Auftragseinplanung auf das Montagesystem reduziert sich somit von 11,5 auf 2,5 Stunden pro Monat. Dies entspricht einer prozentualen Reduzierung des Zeitaufwands um ca. 78 % (vgl. Bild 49).

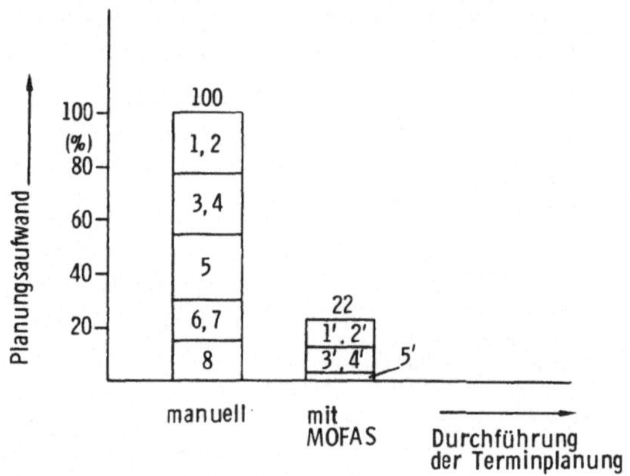

Bild 49: Gegenüberstellung des prozentualen Planungsaufwands bei manueller und EDV-unterstützter Terminplanung

6.3 Einsatzbereiche und -grenzen

Das Hauptanwendungsgebiet des entwickelten Programmsystems MOFAS liegt im Produktionsbereich Montage von Betrieben der fertigungstechnischen Industrie mit überwiegend kundenauftragsneutraler Fertigung in kleinen bis mittleren Losgrößen. Obwohl das Verfahren aufgrund von Anforderungen aus der Haushaltsgeräteindustrie konzipiert wurde, gibt es, bezogen auf die Branche, keine generellen Einsatzbegrenzungen. Insbesondere eignet sich MOFAS für die Terminplanung und -steuerung von Montageprozessen, deren Erzeugnisse in nur 2 Montagestufen (Baugruppen- und

Endmontage) montiert werden können.
Weiterhin sind flexible Montagesysteme mit Gruppen- oder Kombinationsstruktur (vgl. Abschnitt 3.1.1) Voraussetzung für einen sinnvollen Einsatz des Programmsystems. Kleinere Montagesysteme mit Linienstruktur können jedoch ebenfalls gesteuert werden, wenn sie einen variablen Personaleinsatz zulassen. Für die Steuerung konventioneller Linienmontagesysteme ohne Puffer ist der Einsatz von MOFAS wegen des geringeren Steuerungsaufwands wenig sinnvoll.
Wesentliche Vorteile gegenüber manuellen Planungs- und Steuerungsverfahren können mit dem entwickelten Programmsystem MOFAS erzielt werden, wenn für die Montagesysteme folgende weiteren Merkmale zutreffen:

- große Variantenzahl pro Erzeugnis,
- hohe Anzahl von Aufträgen ($\geq$ 30 Aufträge pro Monat),
- viele Änderungen und Umplanungen aufgrund externer und interner Einflüsse.

Entscheidende Verbesserungen bietet MOFAS bei der Anwendung neuer Formen der Arbeitsorganisation, wie Gruppenarbeit, Arbeitsbereicherung in den Montagesystemen. Das Verfahren schafft hier die Voraussetzung zur Übertragung dispositiver Tätigkeiten auf die Montagemitarbeiter und ermöglicht die Bildung von selbststeuernden Arbeitsgruppen in den Montagesubsystemen. Weiterhin werden mit Hilfe des Verfahrens Handlungs- und Entscheidungsspielräume für die Montagemitarbeiter geschaffen.

Aufgrund des Programmaufbaus von MOFAS sind bei der Anwendung folgende Einschränkungen zu beachten. Prinzipiell ist das entwickelte Programmsystem in der Lage, wochengenaue und tagesgenaue Montageprogramme zu erstellen und die in Kapitel 5 beschriebenen Funktionen durchzuführen ohne Beschränkung der

- Anzahl der Montagesysteme,
- Zahl der zu planenden Montagewochen (Planungshorizont),
- Anzahl der Aufträge.

Um jedoch den tatsächlich benötigten Speicherraum zu begrenzen, wurde für einen Planungsvorgang folgende Beschränkung eingeführt:

- 4 Montagesubsysteme,
- 4 Montagewochen,
- 160 Aufträge im Planungshorizont (10 Aufträge pro Montagewoche und -system),
- 100 verschiedene Erzeugnisvarianten,
- 10 Mitarbeiter pro Montagesubsystem,
- 4 verschiedene Mitarbeiterzahlen pro Montagesubsystem.

Durch Veränderung dieser Grenzen kann das Programmsystem jedoch jederzeit auf andere Anwendungsfälle angepaßt werden.

Das Programmsystem wurde auf einem CDC-6600 Großrechner entwickelt und getestet. Es wurde jedoch so strukturiert, daß es auf kleinen EDV-Anlagen (z.B. PDP11, Dietz, HP 300) implementiert werden kann, da diese in ihrer Leistungsfähigkeit durchaus mit Großrechnern vergleichbar sind.
Die ermittelten Planungszeiten beim Einsatz von MOFAS dürften sich dabei nur unwesentlich ändern, da die Antwortzeiten bei der Dialogverarbeitung in sehr starkem Maße von der Anzahl der im Rechner parallel zu verarbeitenden "Jobs" abhängig sind. Würde der Kleinrechner zum Zeitpunkt der Benutzung von MOFAS nur mit dieser einen Aufgabe belastet, so könnten die Planungszeiten wahrscheinlich noch wesentlich weiter reduziert werden. Vom Speicherbedarf hergesehen, sind bei einem Einsatz von MOFAS auf einem Kleinrechner auch keine Probleme zu erwarten, da je Programm-Modul ca. 30 KB-Hauptspeicher erforderlich sind.

Aus den o.a. Gründen könnte das entwickelte Programmsystem MOFAS auf einem dezentralen Rechner für den Produktionsbereich Montage implementiert werden.

7 ZUSAMMENFASSUNG

Die Erhöhung der Flexibilität in der Produktion stellt heute eine wichtige Unternehmensstrategie dar, um im Spannungsfeld vielfältiger Einflüsse bestehen zu können. Obwohl vor allem in der Montage bereits zahlreiche flexible Montagesysteme und neue Arbeitsstrukturen eingesetzt sind, können ihre Flexibilitätsvorteile nur unzureichend genutzt werden, da geeignete Verfahren zur Terminplanung und -steuerung fehlen.

Diese Arbeit soll dazu beitragen, durch die Entwicklung von Verfahren zur Terminplanung und -steuerung die Nutzung der Eigenschaften flexibler Montagesysteme zu verbessern und Möglichkeiten zur Erweiterung des Handlungs- und Entscheidungsspielraumes für die Montagemitarbeiter zu schaffen.

Um die Probleme der Terminplanung und -steuerung bei flexiblen Montagesystemen in der Klein- und Mittelserienfertigung zu präzisieren und um Grundlagen für die Verfahrensentwicklung zu erarbeiten, wurde der Produktionsbereich Montage detailliert untersucht.

In einer *systemtheoretischen Betrachtung* wurden durch stufenweise Approximation Modellvorstellungen über den Montageprozeß und das Terminplanungs- und -steuerungssystem entworfen.

Für den Montageprozeß wurden drei unterschiedliche Strukturen von Montagesystemen definiert und mit Hilfe eines mengentheoretischen Ansatzes hinsichtlich ihrer Flexibilitätseigenschaften bewertet. Anhand eines Beispiels wurde gezeigt, daß Montagesysteme mit Gruppenstruktur (Gruppenmontagesystem) einen wesentlich höheren Flexibilitätsgrad aufweisen als Montagesysteme mit Linien- bzw. Kombinationsstruktur.

Nach dem Entwurf eines Modells des herkömmlichen Systems zur Terminplanung und -steuerung in der Montage wurden die mathematischen Grundlagen und Zusammenhänge für die zu entwickelnden Verfahren aufgestellt.

Im zweiten Teil der Untersuchungsphase wurden *empirische Erhebungen* im Produktionsbereich Montage eines Konsumgüterherstellers durchgeführt. Mit Hilfe von Tätigkeits- und Informationsanalyse wurde insbesondere der Zeitaufwand zur Montagesteuerung erfaßt. Dabei stellte es sich heraus, daß der Planungs- und Steuerungsaufwand für das neue, flexible Montagesystem doppelt so hoch ist wie für das konventionelle Montagesystem mit Linienstruktur.

Aus den durchgeführten Untersuchungen und aus der Zielsetzung in flexiblen Montagesystemen an menschengerecht gestalteten Arbeitsplätzen wirtschaftlich zu montieren, ergaben sich folgende wesentliche Anforderungen an Verfahren zur Terminplanung und -steuerung, die detailliert wurden:

- Reduzierung des Aufwands zur Terminplanung und -steuerung,
- Verbesserung des Informationsflusses zwischen Montageprozeß und Montagesteuerung,
- Minimierung der Ausfallzeiten im Montageprozeß,
- Einbeziehung der Montagemitarbeiter in die Montagesteuerung,
- Schaffen von Handlungs- und Entscheidungsspielräumen für die Montagemitarbeiter.

Anhand dieser Anforderungen wurde die herkömmliche Modellvorstellung über die Terminplanung und -steuerung für den Einsatz bei einem flexiblen Montagesystem modifiziert und soweit spezifiziert, daß sie in der betrieblichen Praxis angewendet werden kann.
Da für die Realisierung der Modellvorstellung keine geeigneten Methoden und Verfahren verfügbar waren, wurde das EDV-unterstützte Verfahren MOFAS zur Montagesteuerung bei flexiblen Arbeitssystemen entwickelt, das sich in zwei Programme gliedert.

MOFAS-W unterstützt durch eine interaktive Datenverarbeitung den Disponenten im T e r m i n p l a n u n g s s y s t e m bei der Erstellung wochengenauer Montageprogramme (Auftragsvorräte) für die einzelnen Montagesysteme und ihre Subsysteme.
MOFAS-T wurde für das Durchführungssystem konzipiert und stellt den Mitarbeitern in den einzelnen Montagesystemen im Dialog am Bildschirm Informationen und Entscheidungshilfen zur Abarbeitung der vorgegebenen Auftragvorräte bereit.
Bei der Anwendung des Verfahrens im konkreten Fall konnte der Zeitaufwand zur Montagesteuerung um 78 % reduziert werden.

Aus dieser Arbeit heraus ergeben sich zwei denkbare Ansätze für weiterführende Forschungsarbeiten:
Zum einen kann der Gegenstandsbereich von der Montage auf den gesamten Produktionsprozeß erweitert werden, um zu einer flexiblen Planung und Steuerung der gesamten Produktion zu gelangen. Der Integration der entwickelten Verfahren in das Gesamtsystem käme dabei eine besondere Bedeutung zu. Zum anderen könnte die Aufgabendurchführung im Durchführungssystem weiter detailliert und auf die verschiedenen Strukturen flexibler Montagesysteme angepaßt werden. Abläufe für die Bearbeitung der einzelnen Teilaufgaben würden die Übertragung dieser Aufgaben auf die Mitarbeiter in flexiblen Montagesystemen erleichtern.

8 SCHRIFTTUM

/1/ Warnecke, H.J.; Bullinger, H.-J.; Kölle, J.H.: Strategien der Produktionsplanung und -steuerung bei kritischen Situationen. Management-Zeitschrift io 47 (1978) Nr. 12, S. 546 - 553.

/2/ Miese, M.: Systematische Montageplanung in Unternehmen mit Einzel- und Kleinserienproduktion. Diss. TH Aachen, 1973.

/3/ Stöferle, Th.; Dilling, H.-J.; Rauschenbach, Th.: Handhabung im Produktionsbereich. Werkstatt und Betrieb 106 (1973) S. 873 - 875.

/4/ Metzger, H.: Planung und Bewertung von Arbeitssystemen in der Montage. Diss. Universität Stuttgart, 1977.

/5/ Maier, U.: Arbeitsgangterminierung mit variabel strukturierten Arbeitsplänen. Diss. Universität Stuttgart, 1979.

/6/ Taylor, F.W.: Die Grundsätze wissenschaftlicher Betriebsführung. Berlin, München: 1913.

/7/ Kunerth, W.; Lederer, K.G.; Lienert, J.: Rechnereinsatz in der Produktion. Berlin, Köln: Beuth-Verlag 1976.

/8/ Gramoll, E.: Montagebereich und flexibles Montagesystem für Dieselmotoren. wt-Z. ind.Fert. 69 (1979) Nr. 3, S. 151 - 157.

/9/ Grob, R.: Arbeitsstrukturierung bei Siemens. Köln: Institut für angewandte Arbeitswissenschaft e.V., März 1978.

/10/ Warnecke, H.J.; Lederer, K.G.:
Neue Arbeitsformen in der Produktion.
VDI-Taschenbuch T 52. Düsseldorf: VDI-Verlag 1979.

/11/ Frieling, E.; Kölle, J.H.; Maier, W.; Reiser, A.; Scheiber, R.E.; Weber, G.: Entwicklung von Konzeptionen zur Fertigungssteuerung bei neuen Arbeitsformen. Hrsg.: BMFT.
(Forschungsbericht HA 80-047 (1 und 2))
Eggenstein-Leopoldshafen: Fachinformationszentrum Energie, Physik, Mathematik, 1980.

/12/ Martin, H.: Menschengerechte Produktionsplanung und -steuerung.
Fortschrittliche Betriebsführung und Industrial Engineering 27 (1978) Nr. 3, S. 149 - 154.

/13/ IfaA (Hrsg.): Arbeitsstrukturierung in der deutschen Metallindustrie (2). Köln 1975.
IfaA (Hrsg.): Arbeitsstrukturierung in der deutschen Metallindustrie (3). Köln 1975.
IfaA (Hrsg.): Arbeitsstrukturierung in der deutschen Metallindustrie (4). Köln 1978.

/14/ Agurén, S.; Hannsson, R.; Carlsson, K.G.:
The Volvo Kalmar Plant. The impact of new design of onward organization, Stockholm 1976.

/15/ Weil, R.: Neue Unternehmens- und Arbeitsstrukturen in der französischen Metallindustrie.
Köln: Institut für angewandte Arbeitswissenschaft, September 1977.

/16/ Meyer, T.: Schwachstellen bei der Einführung der Arbeitsstrukturierung.
Diss. Universität Karlsruhe 1978.

/17/ Burbidge, J.L.: Final report on a study of the effects of group production methods in the humanization of work.
Turin: International Centre for Advanced Technical und Vocational Training, Juni 1975.

/18/ Warnecke, H.J.; Kunerth, W.; Graf, H.:
Neue Produktionsstrukturen fordern neue organisatorische Lösungen.
Management-Zeitschrift io 45 (1976) Nr. 1, S.21 - 26.

/19/ Adena, K.H.: Fertigungsplanung und Fertigungssteuerung unter dem Gesichtspunkt der Gruppenverantwortung.
REFA-Nachrichten 28 (1975) Nr. 6, S. 333 - 337.

/20/ Kunerth, W.; Lederer, K.G.:
Lösungsansätze für die Fertigungssteuerung bei neuen Arbeitsstrukturen.
Fortschrittliche Betriebsführung und Industrial Engineering 25 (1976) Nr. 4, S. 209 - 213.

/21/ Lederer, K.G.: Kurzfristige Fertigungssteuerung bei flexiblen Arbeitsstrukturen.
Fortschrittliche Betriebsführung und Industrial Engineering 26 (1977) Nr. 2, S. 111 - 116.

/22/ Lederer, K.G.: Fertigungssteuerung bei flexiblen Arbeitsstrukturen.
Diss. Universität Stuttgart 1976.

/23/ Hichert, R.: Stufenweise Ableitung eines praktischen Planungssystems für den Entwicklungsbereich.
Diss. Universität Stuttgart 1978.

/24/ Wilhelm, K.G.: System zur Planung des Umlaufbestandes in Betrieben mit Serienfertigung.
Diss. Universität Stuttgart 1980.

/25/ REFA (Hrsg.):
Methodenlehre des Arbeitsstudiums, Teil 1.
München: Hanser-Verlag 1976.

/26/ REFA (Hrsg.): Methodenlehre des Arbeitsstudiums, Teil 3.
München: Hanser-Verlag 1976.

/27/ Kölle, J.H.; Scheiber, R.E.; Weber, G.:
Entwicklung von Konzeptionen zur Fertigungssteuerung bei neuen Arbeitsstrukturen.
REFA-Nachrichten 32 (1979) Nr. 3, S. 165 - 170.

/28/ Kölle, J.H.: Untersuchung der betriebsorganisatorischen Auswirkungen im Hausgerätewerk Dillingen.
Begleitforschung zum Projekt "Entwicklung und Einführung verbesserter Arbeitsstrukturen in der elektronischen Industrie". In: Forschungsbericht Humanisierung des Arbeitslebens. BMFT, 1979.

/29/ Bendeich, E.: Auswahl und Einsatz von Datenerfassungsverfahren für den Produktionsbereich.
Diss. Universität Stuttgart, 1977.

/30/ Gentner, R.: Anforderungsgerechte Gestaltung von Systemen zur kurzfristigen Fertigungssteuerung.
In: Tagungsunterlagen zum VDI-Seminar "BDE" - Ein Engpaß im Vorfeld der Datenverarbeitung.
Stuttgart: Württembergischer Ingenieurverein (WIV) 1979.

/31/ Bühner, R.: Organisationsgestaltung von Informationssystemen.
Diss. Universität Augsburg 1973.

/32/ Ellinger, E.; Wildemann, H.:
Planung und Steuerung der Produktion.
Wiesbaden: Gabler 1978.

/33/ Hess-Kinzer, D.:
Produktionsplanung und -steuerung mit EDV.
Stuttgart, Wiesbaden: Forkel-Verlag, 1976.

/34/ Warnecke, H.J.; Kölle, J.H.:
Verfahren zur Montagesteuerung bei neuen Arbeitsstrukturen.
Fortschrittliche Betriebsführung und Industrial Engineering 29 (1980) Nr. 3, S. 163 - 168.

/35/ Kölle, J.H.; Ganitta, R.E.:
Dokumentation des Programms MOFAS-W.
Montagesteuerung bei flexiblen Arbeitsstrukturen - Wochenplanung.
Bericht des Fraunhofer-Instituts für Produktionstechnik und Automatisierung, Stuttgart.
Stuttgart: 1979.

/36/ Kölle, J.H.; Schöb, W.:
Dokumentation des Programms MOFAS-T.
Montagesteuerung bei flexiblen Arbeitsstrukturen - Tagesplanung.
Bericht am Fraunhofer-Institut für Produktionstechnik und Automatisierung, Stuttgart.
Stuttgart: 1979.

9 ANHANG

9.1 Beschreibung des Programmoduls MOFAS-W

In Bild 50 ist die Unterprogrammhierarchie sowie die Overlay-Struktur des Programms MOFAS-W dargestellt. Im folgenden werden die einzelnen Unterprogramme kurz beschrieben. Eine ausführliche Programmdokumentation ist in /35/ enthalten. Tabelle 3 gibt einen Überblick über alle vom Programm verwendeten Dateien.

Externer Dateiname	Programminterner Name und logische Dateinummer	Bedeutung
NZWI	TAPE 11	Zwischenfile für Änderungen
NTST	TAPE 20	Teile-Stammdatei
NZW2	TAPE 25	Ausgabefile des Planungshorizonts für alle Systeme
NWPL	TAPE 30	Eingabefile des Planungshorizonts für alle Systeme
NZW4	TAPE 12	Ausgabefile der Planungsdaten
NZW3	TAPE 13	Eingabefile der Planungsdaten
NZWNEU	TAPE 40	Zwischenfile für neuen Planungshorizont
	TAPE 8	Ausgabe der Planungstabellen
	TAPE 3	Eingabefile für Auftragsdaten

Tabelle 3: Von MOFAS-W verwendete Dateien

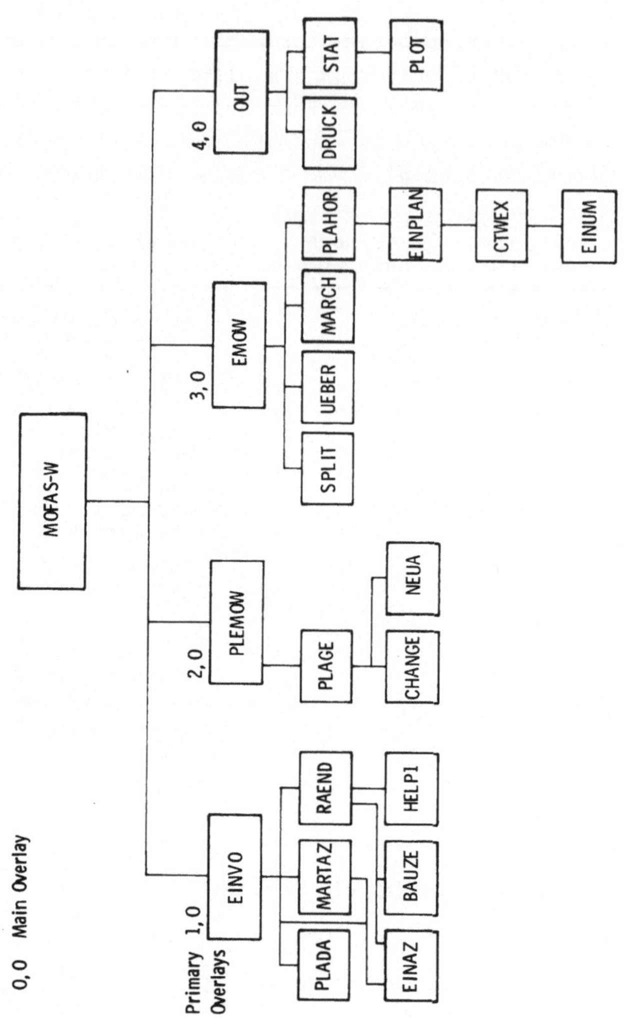

Bild 50: Overlay-Struktur
und Unterprogramm-Hierarchie von MOFAS-W

EINVO:

Ablaufsteuerung der zugehörigen Unterprogramme zur Eingabevorbereitung:

- PLADA:
  - o Einlesen der Planungsdaten des letzten Plaungsvorgangs
  - o Umspeichern der Planungsdatenfelder
- MARTAZ:
  - o Eingabe der Mitarbeiterzahl pro Montagesubsystem
  - o Eingabe der Arbeitszeit/Tag
  - o Darstellung der Planungsdaten auf dem Bildschirm (Bild 51)

	MITARBEITER			
SYSTEM	1	2	3	4
WOCHE 21	4	4	4	4
WOCHE 22	4	4	4	4
WOCHE 23	4	4	4	4
WOCHE 24	4	4	4	4

	ARBEITSZEIT IN STUNDEN * 100					
TAG	1	2	3	4	5	GESAMT
WOCHE 21	800.0	800.0	800.0	800.0	800.0	4000.0
WOCHE 22	800.0	800.0	800.0	800.0	800.0	4000.0
WOCHE 23	800.0	800.0	800.0	800.0	800.0	4000.0
WOCHE 24	800.0	800.0	800.0	800.0	800.0	4000.0

Bild 51: Darstellung der Planungsdaten für einen Planungsvorgang

- EINAZ:
  - o Formatloses Einlesen der Planungsdaten vom Bildschirm

- RAEND:
  - o Formatgebundene oder formatlose Eingabe der Auftragsdaten
  - o Korrektur von Auftragsdaten am Bildschirm (Bild 52)

```
21110  4020    0  120  120 10 21 21 0  0 0 0
AUFTRAG RICHTIG  (J/N) ; ENDE DER EINGABE: (E) : J
21111  4010    0  200  200 20 21 21 0  0 0 0
AUFTRAG RICHTIG  (J/N) ; ENDE DER EINGABE: (E) : J
21112  5100    0  100  100 40 21 21 0  0 0 0
AUFTRAG RICHTIG  (J/N) ; ENDE DER EINGABE: (E) : J
21113  4400    0  200  200 20 21 21 0  0 0 0
AUFTRAG RICHTIG (J/N) ; ENDE DER EINGABE: (E) : J
21114  5300    0  100 100 30 21 21 0  0 0 0
AUFTRAG RICHTIG  (J/N) ; ENDE DER EINGABE: (E) : J
21115  6010    0  200  200 10 21 21 0  0 0 0
AUFTRAG RICHTIG  (J/N) ; ENDE DER EINGABE: (E) : J
21116  7100    0  150  150 10 21 21 0  0 0 0
AUFTRAG RICHTIG  (J/N) ; ENDE DER EINGABE: (E) : J
21117  7200    0  200  200 30 21 21 0  0 0 0
UFTRAG RICHTIG  (J/N) ; ENDE DER EINGABE: (E) :J
21118  7330    0  150  150 40 21 21 0  0 0 0
AUFTRAG RICHTIG  (J/N) ; ENDE DER EINGABE: (E) : J
21119  7670    0  150  150 20 21 21 0  0 0 0
AUFTRAG RICHTIG  (J/N) ; ENDE DER EINGABE: (E) : J
21120  1035    0  100  100 30 21 21 0  0 0 0
AUFTRAG RICHTIG  (J/N) ; ENDE DER EINGABE: (E) : J
ENDE DER EINGABE   (J/N)
```

Bild 52: Abfragen zum Auftragsbestand

- BAUZE:
  - o Lesen der Stammdaten
- HELP 1:
  - o Hilfestellung für den Benutzer bei der Durchführung von Änderungen im Auftragsbestand.

PLEMOW:

- o Einlesen von Änderungen und Darstellung der verarbeiteten Änderungen

- PLAGE:
  - o Einlesen des Auftragsbestands der letzten Planung
  - o Ausschreiben der korrigierten Aufträge

- CHANGE:
  - o Verarbeitung aller Änderungen und Rückmeldungen
- NEUA:
  - o Suche von neuen Aufträgen, Eilaufträgen bzw. Rückständen im Auftragsbestand

EMOW:

- o Montagesubsystemweise Zuordnung von Aufträgen zu Planungsabschnitten

- SPLIT:
  - o Zusammenfassung von bisher gesplitteten Aufträgen je Planungsabschnitt
- UEBER:
  - o Übertragen von unveränderten Planungsabschnitten von TAPE 40 auf TAPE 25
- MARCH:
  - o Berechnen der Einplanungsfaktoren nach Montagefaktoren und Systemwirkungsgrad
- PLAHOR:
  - o Ordnen der Aufträge nach steigendem Montagefaktor der Erzeugnisvarianten
  - o Berechnen der erforderlichen Mitarbeiterzahl pro Planungsabschnitt
- EINPLAN:
  - o Festlegen der Auftragsreihenfolge nach vorgegebener Priorität bzw. wechselndem Montagefaktor
- CTWEX:
  - o Ermitteln der Auftragsreihenfolge nach wechselnden Montagefaktoren der einzuplanenden Erzeugnisvarianten. Nach dieser Einplanungsstrategie wird nach einer "schwer" zu montierenden Erzeugnisvariante (kleiner Montagefaktor) eine "leicht" zu montierende Variante eingeplant. Dadurch werden Belastungswechsel für die Mitarbeiter in physiologischer Hinsicht ermöglicht.
- EINUM:
  - o Aufsummieren der auftragsbezogenen Kapazitätsbedarfswerte TM zu einem planungsabschnittsbezogenen Wert TME (vgl. Bild 37, Abschnitt 5.2.2).

SYSTEMPLANUNGSWOCHE :21

TME-WERT	GESAMTZEIT	AUFTRAEGE	MITARBEITER
162.284	40.00	3	4.10

AUFTRAGS-NR.	TYP-NR.	CT-WERT	STUEC .F	STUECK.L	BAUGR	WOCHE.F	WOCHE.L		
21409 1	4010	324	180	195	20	21	21	0	0
21411 0	5200	415	190	190	20	21	21	0	0
21410 0	5100	402	245	245	20	21	21	0	0

SYSTEMPLANUNGSWOCHE :22

TME-WERT	GESAMTZEIT	AUFTRAEGE	MITARBEITER
159.871	40.00	4	4.00

AUFTRAGS-NR.	TYP-NR.	CT-WERT	STUEC .F	STUECK.L	BAUGR	WOCHE.F	WOCHE.L		
22401 0	7670	432	205	205	20	22	22	0	0
22403 5	7100	282	40	240	20	22	22	0	10
22402 0	7330	415	180	180	20	22	22	0	0
22408 0	3300	319	175	175	20	22	22	0	0

Bild 53: Listendarstellung des Montageprogramms (Ausschnitt)

OUT:

o Erzeugt Ausgabefile der Planungsdaten

o Ermittelt Nummer des Planungslaufs

- Druck:

  o Stellt die Planungsergebnisse in Listenform dar (Bild 53)

- STAT:

  o Berechnen der Kapazitätsbelastungsübersichten
    - montagesubsystembezogen für 4 Wochen
    - wochenbezogen für alle Montagesubsysteme

- PLOT:

  o Ausdrucken der Kapazitätsbelastungsübersichten (Bild 54, Bild 55)

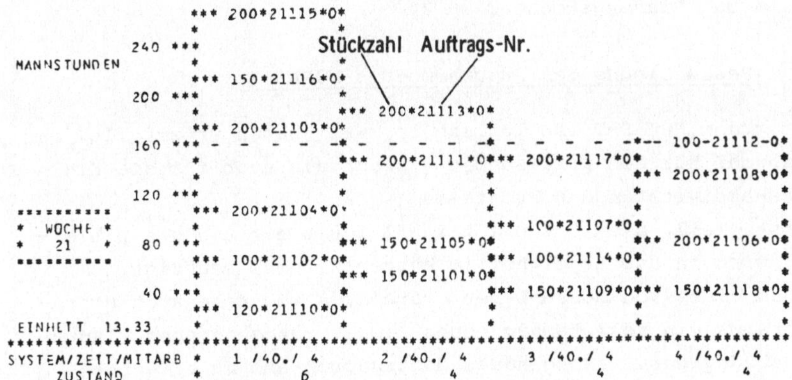

Bild 54: Kapazitätsbelastungsübersicht für alle Montagesubsysteme in Planungswoche 21

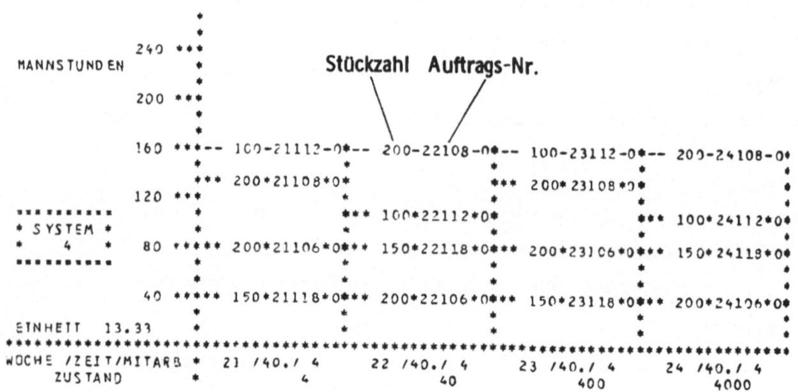

Bild 55: Kapazitätsbelastungsübersicht für System 4 und Planungswoche 21 - 24

9.2 Beschreibung des Programmoduls MOFAS-T

Das Programm MOFAS-T ist logisch in zwei Phasen unterteilt. Das gilt sowohl für den praxisnahen Ablauf als auch für die Ein-Ausgabe-Aktivitäten des Programms.

Der erste Teil, die " I n i t i a l i s i e r u n g s p h a s e " wird in der Regel nur im Wochenrhythmus benötigt, um aufgrund eines von MOFAS-W neu erstellten wochengenauen Montageprogramms ein vollständig neues, von vorangegangenen Planungen unabhängiges, tagesgenaues Montageprogramm zu berechnen. Da von der Gültigkeit des vorgegebenen wochengenauen Montageprogramms ausgegangen wird, läuft dieser Teil des Programms völlig selbsttätig ab und erlaubt dem Benutzer keinerlei Einflußnahme auf Art und Weise der Planung. Es werden daher auch sämtliche für eine Woche vorgegebenen Aufträge in dieser Woche eingeplant, ohne Rücksicht auf eventuelle Kapazitätsüberschreitungen.

Nach Ablauf dieser ersten Phase steht dem Benutzer ein über den gesamten Planungszeitraum reichendes tagesgenaues Montageprogramm zur Verfügung, das nun die Grundlage für alle notwendigen Korrekturen, Einschränkungen oder Erweiterungen bildet.

Alle Aktivitäten, die in der Zeit zwischen zwei Initialisierungsläufen durchgeführt werden müssen, sind Aufgabe des 2. Programmteils, der A k t u a l i s i e r u n g s - oder " U p d a t e - P h a s e ".

Hierbei findet eine Beschränkung auf die 1. Planungswoche statt, d.h. ein Eingriff in die 2. bis 4. Woche des vorhandenen Montageprogramms ist nicht mehr möglich. Sollen Änderungen an diesem tagesgenauen Montageprogramm der 1. Woche (Tagesplan) vorgenommen werden, so vollzieht sich dies grundsätzlich in den folgenden drei Schritten:

1. <u>Korrekturgrößen eingeben, bzw. akzeptieren</u>

   Eine Beeinflussung des aktuellen Tagesplanes findet nicht statt. Die eingegebenen Änderungsgrößen werden lediglich zwischengespeichert. Somit hat der Benutzer die Möglichkeit, mit beliebigen zeitlichen Abständen eine Anzahl von Korrekturen anzuordnen, sie aber in einem einzigen Korrekturlauf zu verwirklichen und einen neuen Tagesplan zu erstellen.

2. <u>Korrekturvorbereitung, vorläufige Belastungsrechnung</u>

   Auch hier wird noch kein direkter Einfluß auf den bisherigen Tagesplan genommen. Die vorliegenden Daten werden jedoch schon zum Teil durch die vorgegebenen Korrekturgrößen aktualisiert und bedürfen nur noch der Bestätigung durch den Benutzer. Die anhand der korrigierten Daten durchgeführte Kapazitätsbelastungsrechnung, bzw. deren Ergebnis, erlaubt dem Benutzer eine kapazitätsbezogene Überprüfung der von ihm angeordneten Änderungen und den Anstoß einer den realen Möglichkeiten angeglichenen Planung.

3. <u>Endgültige Korrektur, Neuplanung</u>

   Erst mit diesem Schritt wird der bis dahin unveränderte Tagesplan aktualisiert. Damit wird ein späterer Rückgriff auf den bisherigen Stand unmöglich. Die bis hierher benötigten Übergangsgrößen werden gelöscht - sämtliche Daten befinden sich im gleichen Zustand - wie vor Schritt 1, beinhalten jedoch die korrigierten Werte. Waren die Montagesysteme bei der vorangegangenen Belastungsrechnung überlastet, so können diese Fehlkapazitäten innerhalb dieses 3. Schrittes durch eine der folgenden Alternativen ausgeglichen werden:

   - Anpassung der Arbeitszeit

     Hierbei wird die erforderliche Arbeitszeit gleichmäßig über die Restwoche verteilt. Die vorhandenen Mitarbeiterzahlen (Belegschaftszahlen) bleiben unverändert, werden jedoch voll ausgenutzt.

- Anpassung der Mitarbeiterzahl

  Die Anpassung der Mitarbeiterzahl im entsprechenden Montagesystem wird dem Kapazitätsbedarf angepaßt. Die Arbeitszeiten pro Tag bleiben unverändert.

- Anpassung des Kapazitätsbedarfs

  Wenn eine Anpassung des Kapazitätsbestandes über die Änderung der Mitarbeiterzahlen pro Montagesubsystem und der Arbeitszeit nicht möglich ist, werden alle Aufträge bzw. Teilaufträge, die die Wochenkapazität überschreiten in einen Überlaufbereich verschoben. Da dieser Überlaufbereich montagesystemunabhängig ist, kann das umgekehrte Verlagern von Aufträgen aus dem Überlauf in bestimmte Montagesysteme nicht automatisch erfolgen, sondern muß vom Benutzer im Einzelfall als Korrektur wieder eingegeben werden.

Im Schritt 2 werden dem Benutzer die für Arbeitszeit- und Mitarbeiterzahlabgleich benötigten Korrekturgrößen mitgeteilt. Ist ein Kapazitätsabgleich in den Grenzen für Arbeitszeiten oder Mitarbeiterzahlen nicht möglich, so warnt das Programm den Benutzer vor dem Aufruf des jeweiligen Abgleichs. Wird trotz dieser Warnmeldung eine "unmögliche" Abgleichalternative aufgerufen, so wird für das entsprechende Montagesubsystem automatisch eine Überlaufplanung vorgenommen.

Diese 2. Phase des Programms läuft im interaktiven Verkehr mit dem Benutzer ab. Deshalb können alle benötigten Informationen über

- Planungszustand
- vorgesehene Korrekturen und
- Kapazitätsbelastung

über Bildschirm abgerufen werden.

Bild 56 gibt einen Überblick über die Unterprogrammhierarchie des Programms MOFAS-T. Im folgenden werden nun die einzelnen Haupt- und Unterprogramme kurz beschrieben. Eine ausführliche Programmdokumentation enthält /36/. Tabelle 4 gibt einen Überblick über die von MOFAS-T verwendeten Dateien.

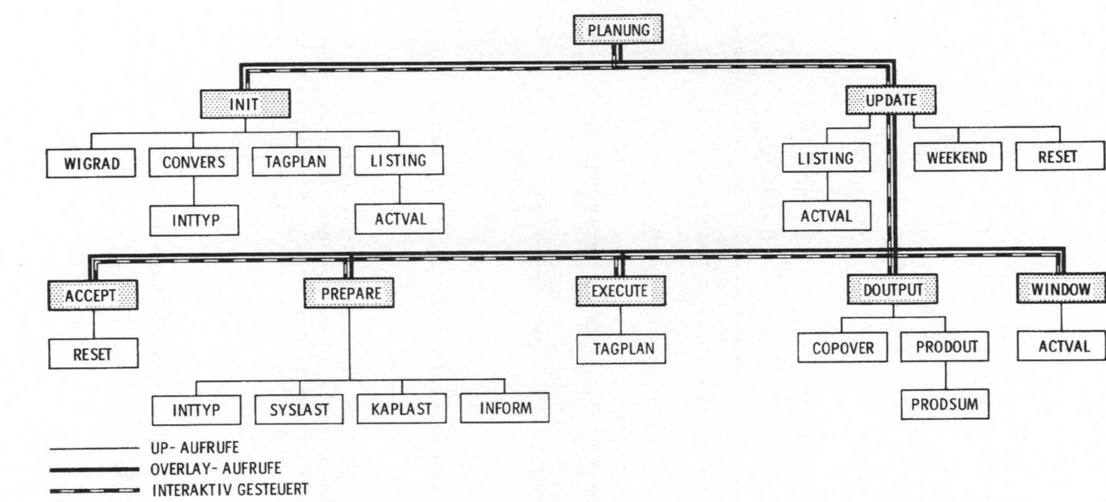

Bild 56: Unterprogrammhierarchie des Programms MOFAS-T

Externer Dateiname	Programminterner Name und log. Dateinummer	Dateityp	Bedeutung
WPL	TAPE 1	sequentiell	Wochenplan
WD	TAPE 4	sequentiell	Wochendaten
TPL	TAPE 2	indiziert	Tagesplan
TD	TAPE 3	indiziert	Tagesdaten
APL	TAPE 5	sequentiell	Arbeitsplan
AD	TAPE 6	indiziert	Arbeitsdaten
KONIN	TAPE 7	sequentiell	Konsoleingabe konnektierte Datei
KONOUT	TAPE 8	sequentiell	Konsolausgabe konnektierte Datei
OUTPUT	TAPE 9	sequentiell	Druckerausgabe
TST	TAPE 20	sequentiell	Teilestammdatei

Tabelle 4: Von MOFAS-T verwendete Dateien

PLANUNG:

- o Vereinbarung aller benötigten Files
- o Logische Verknüpfung der Bildschirmein- und -ausgabefiles mit dem Terminal

INIT:

- o Ablaufsteuerung in der Initialisierungsphase

- WIGRAD:

- o Berechnung nur typ- und mitarbeiterzahlabhängiger Montagesystemwirkungsgrade aus den von der Wochenplanung in der Stammdatei übernommenen typ- und mitarbeiterzahlabhängigen Wirkungsgraden.

- CONVERS:

- o Übertragen der von MOFAS-W ermittelten Planungsergebnisse vom sequentiellen TAPE 4 auf die indizierten Files TAPE und TAPE 6.
- o Kopieren der Auftragsdaten für die 1. Planungswoche auf TAPE 5.

- TAGPLAN:

- o Tagesgenaue Einplanung der für eine Woche vorgegebenen Aufträge.

- LISTING:

  o Erstellen des Druckerprotokolls über das aktuelle Montageprogramm (Bild 57).

- INTTYP:

  o Identifizierung einer Erzeugnisvariante innerhalb der Systemwirkungsgradtabelle in TAPE 3 mittels der übergebenen Variantenkennung aus den Auftragsdaten und Feststellen der internen Variantennummer für spätere Zugriffe auf die entsprechenden Systemwirkungsgrade.

- ACTVAL:

  o Einlesen der für Drucker- und Bildschirmprotokoll von den Unterprogrammen LISTING und WINDOW benötigten Werte für

    - aktuelle Wochennummer
    - Mitarbeitervorgabe
    - Mitarbeiterbedarf
    - tägliche Arbeitszeit
    - Kapazitätsüberschuß
    - Montagestückzahlen

    und der tagweise gegliederten Auftragsdaten von den indizierten Files TAPE 2 und TAPE 3.

UPDATE:

  o Ablaufsteuerung der UPDATE-PHASE gemäß interaktiver Benutzerkommandos.

- RESET:

  o Übernahme der in den Korrekturdaten enthaltenen Montagestückzahlen in die tagweise gegliederten Montagedaten auf TAPE 3.

  o Löschen aller registrierten Korrekturwünsche.

- WEEKEND:

  o Übertragen der aktuellen Arbeitszeiten auf TAPE 4.

ACCEPT:

  o Registrieren der vom Benutzer eingegebenen Korrekturwünsche

  o Ausgabe bereits akzeptierter Korrekturgrößen.

```
..........................................................................................................
..........................................................................................................
SYSTEM          4         4         4         4         4         4         4         4         4           SYSTEM
..........................................................................................................
WOCHE          22        22        22        22        22        22        22        22        22            WOCHE
..........................................................................................................

      MONTAG                   DIENSTAG                  MITTWOCH                 DONNERSTAG                 FREITAG
      ------                   --------                  --------                 ----------                 -------

ARBEITSZEIT    8.00 H      ARBEITSZEIT    8.00 H     ARBEITSZEIT    8.00 H     ARBEITSZEIT    8.00 H     ARBEITSZEIT    8.00 H

MITARBEITER                MITARBEITER               MITARBEITER               MITARBEITER               MITARBEITER
VORGABE           4 M      VORGABE           4 M     VORGABE           4 M     VORGABE           4 M     VORGABE           4 M
BEDARF        4.035 M      BEDARF        4.035 M     BEDARF        4.035 M     BEDARF        4.035 M     BEDARF        4.035 M

AUFTRAG   TYP    STCK      AUFTRAG   TYP    STCK     AUFTRAG   TYP    STCK     AUFTRAG   TYP    STCK     AUFTRAG   TYP    STCK
-------   ---    ----      -------   ---    ----     -------   ---    ----     -------   ---    ----     -------   ---    ----
 130- 1  10474    143       130- 2  10474     47      131- 2  10490     75      129- 2  10484    132      135- 2  10190     89
                            131- 1  10490     95      129- 1  10484     68      135- 1  10190     11




GES.FERT.:   143 ST        GES.FERT.:   142 ST       GES.FERT.:   143 ST       GES.FERT.:   143 ST       GES.FERT.:    89 ST
RESTKAP. :  -.207 MH       RESTKAP. :  -.176 MH     RESTKAP. :  -.361 MH      RESTKAP. :  -.230 MH      RESTKAP. :  11.773 MH

..........................................................................................................
```

Bild 57: Listendarstellung des tagesgenauen Montageprogramms (Ausschnitt)

- PREPARE.

  o Übernahme der in ACCEPT registrierten Korrekturgrößen in die Arbeitsdaten. Vorläufige Berichtigung der Auftragsmengen. Aufruf der für die vorläufige Kapazitätsbelastungsrechnung und der entsprechenden Bildschirmausgabe benötigten Unterprogramme.

- SYSLAST:

  o Berechnung der durch die Korrekturen veränderten Kapazitätsbelastung der Montagesubsysteme

- KAPLAST:

  o Berechnung der für einen Abgleich zwischen Kapazitätsbestand und Kapazitätsbedarf benötigten Abgleichgrößen.

- INFORM:

  o Berechnung der prozentualen Abweichung von Wochen-Ist- und Soll-Kapazität.

  o Ausgabe der in SYSLAST und KAPLAST berechneten Werte auf den Bildschirm (Bild 58).

SYSTEM : 3	MONTAG	DIENSTAG	MITTWOCH	DONNERSTAG	FREITAG
		SYSTEMUEBERLASTUNG			
KAPAZITAET IST	128.440 MH	SOLL	143.780 MH	ABWEICHUNG	11.94 %
ARBEITSZEITEN - IST :	0 H	8.00 H	8.00 H	8.00 H	8.00 H
ABGLEICH - SOLLWERTE:	0 H	8.96 H	8.96 H	8.96 H	8.96 H
BELEGSCHAFT - IST :	4 M	4 M	4 M	4 M	4 M
ABGLEICH - SOLLWERTE:	4 M	5 M	5 M	5 M	5 M
MAXIMALE AUSBRINGUNG:	0 M	6 M	6 M	6 M	6 M
SYSTEM : 4	**MONTAG**	**DIENSTAG**	**MITTWOCH**	**DONNERSTAG**	**FREITAG**
KAPAZITAET IST	130.178 MH	SOLL	102.199 MH	ABWEICHUNG	-21.49 %
ARBEITSZEITEN - IST :	0 H	8.00 H	8.00 H	8.00 H	8.00 H
ABGLEICH - SOLLWERTE:	0 H	6.28 H	6.28 H	6.28 H	6.28 H
BELEGSCHAFT - IST :	4 M	4 M	4 M	4 M	4 M
ABGLEICH - SOLLWERTE:	4 M	4 M	3 M	3 M	3 M
MAXIMALE AUSBRINGUNG:	0 M	5 M	5 M	5 M	5 M

Bild 58: Beispiel für eine Systembelastungsübersicht

EXECUTE:

- o Übernahme der korrigierten Arbeitsdaten in die Plandaten
- o Endgültige Realisierung der durch ACCEPT registrierten Korrekturwünsche und Änderungen.
- o Durchführung des vom Benutzer geforderten Kapazitätsabgleich und Anstoß der neuen Tagesplanung.

DOUTPUT:

- o Steuerung der dazugehörigen Unterprogramme COPOVER und PRODOUT

- COPOVER:

  - o Erstellen des Druckerprotokolls (Rückstandlisten) über die im Überlaufbereich enthaltenen Auftragsdaten (Rückstände). (Bild 59)

- PRODOUT:

  - o Erstellung des Druckerprotokolls über die tatsächlich montierten Auftragsstückzahlen pro Woche (Bild 60)

- PRODSUM:

  - o Erzeugnisvariantenabhängiges Aufsummieren der als Parameter übertragenen Tagesstückzahlen.

WINDOW:

- o Erstellen der Bildschirmausgaben über interaktiv angeforderte Bereiche der aktuellen Tagesplanung. Bild 61 zeigt dafür ein Beispiel für das System 2.

```
.............................................
UEBERLAUFBEREICH DES SYSTEMS   1
.............................................
AUFTRAG  TYP    CW      STCK
-------  ---    --      ----

 21304   1040   4.24     10

.............................................
.............................................
UEBERLAUFBEREICH DES SYSTEMS   2
.............................................
AUFTRAG  TYP    CW      STCK
-------  ---    --      ----

 21309   2040   3.35      7

.............................................
.............................................
UEBERLAUFBEREICH DES SYSTEMS   3
.............................................
AUFTRAG  TYP    CW      STCK
-------  ---    --      ----

 21303   1035   3.50     12

.............................................
.............................................
UEBERLAUFBEREICH DES SYSTEMS   4
.............................................
AUFTRAG  TYP    CW      STCK
-------  ---    --      ----

 21301   1020   2.91     13

.............................................
```

Bild 59: Beispiel für eine Rückstandsliste

FERTIGUNG DES SYSTEMS 1

MONTAG TYP	MONTAG STCK	DIENSTAG TYP	DIENSTAG STCK	MITTWOCH TYP	MITTWOCH STCK	DONNERSTAG TYP	DONNERSTAG STCK	FREITAG TYP	FREITAG STCK	WOCHE GESAMT TYP	WOCHE GESAMT STCK
2022	140	2022	85	1030	102	1030	53	1040	135	2022	225
		1030	40			1040	65			1030	195
										1040	200

FERTIGUNG DES SYSTEMS 2

MONTAG TYP	MONTAG STCK	DIENSTAG TYP	DIENSTAG STCK	MITTWOCH TYP	MITTWOCH STCK	DONNERSTAG TYP	DONNERSTAG STCK	FREITAG TYP	FREITAG STCK	WOCHE GESAMT TYP	WOCHE GESAMT STCK
3300	102	3300	88	2040	89	2040	119	2040	118	3300	190
		2040	17							2040	343

FERTIGUNG DES SYSTEMS 3

MONTAG TYP	MONTAG STCK	DIENSTAG TYP	DIENSTAG STCK	MITTWOCH TYP	MITTWOCH STCK	DONNERSTAG TYP	DONNERSTAG STCK	FREITAG TYP	FREITAG STCK	WOCHE GESAMT TYP	WOCHE GESAMT STCK
1050	116	1050	113	1050	11	1035	110	1035	109	1050	240
				2010	25					2010	25
				1035	69					1035	288

FERTIGUNG DES SYSTEMS 4

MONTAG TYP	MONTAG STCK	DIENSTAG TYP	DIENSTAG STCK	MITTWOCH TYP	MITTWOCH STCK	DONNERSTAG TYP	DONNERSTAG STCK	FREITAG TYP	FREITAG STCK	WOCHE GESAMT TYP	WOCHE GESAMT STCK
2010	93	2010	52	2021	63	1020	94	1020	93	2010	145
		2021	57	1020	50					2021	120
										1020	237

Bild 60: Liste der tatsächlich montierten Auftragsstückzahlen (Wochenabschluß)

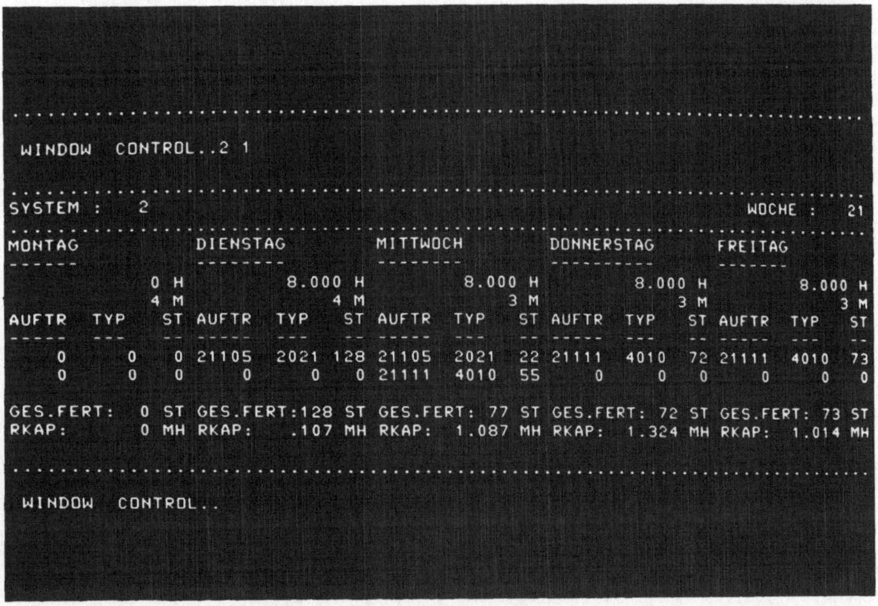

```
.............................................................................
 WINDOW  CONTROL..2 1

.............................................................................
SYSTEM :   2                                                   WOCHE :   21
.............................................................................
MONTAG             DIENSTAG            MITTWOCH            DONNERSTAG        FREITAG
------             --------            --------            ----------        -------
              0 H             8.000 H             8.000 H             8.000 H             8.000 H
              4 M                 4 M                 3 M                 3 M                 3 M
AUFTR   TYP    ST AUFTR   TYP    ST AUFTR   TYP    ST AUFTR   TYP    ST AUFTR   TYP    ST
-----   ---    -- -----   ---    -- -----   ---    -- -----   ---    -- -----   ---    --
    0     0     0 21105  2021   128 21105  2021    22 21111  4010    72 21111  4010    73
    0     0     0     0     0     0 21111  4010    55     0     0     0     0     0     0

GES.FERT:   0 ST GES.FERT:128 ST GES.FERT: 77 ST GES.FERT: 72 ST GES.FERT: 73 ST
RKAP:       0 MH RKAP:    .107 MH RKAP:  1.087 MH RKAP:  1.324 MH RKAP:  1.014 MH

.............................................................................
 WINDOW  CONTROL..
```

Bild 61: Tagesgenaues Montageprogramm für ein Montagesubsystem

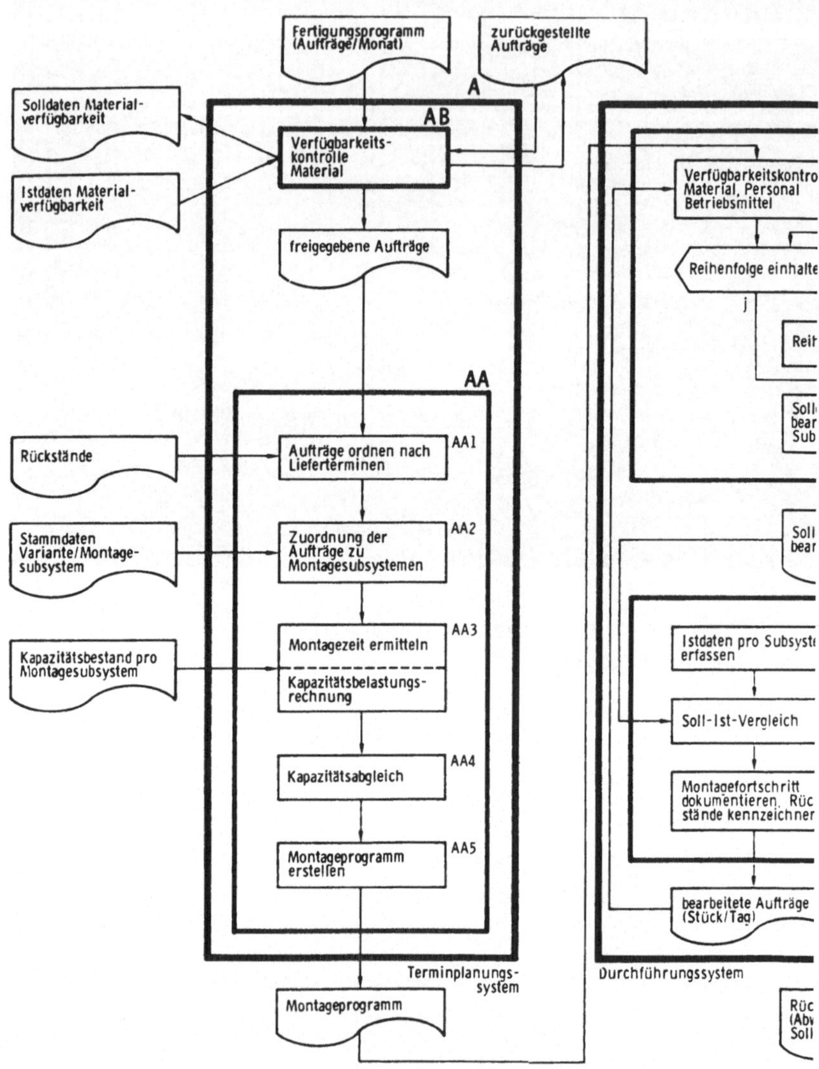

Bild 30: Gesamtdarstellung der modifizierten Modellvorstellung über die Terminplanung und -steuerung von flexiblen Montagesystemen

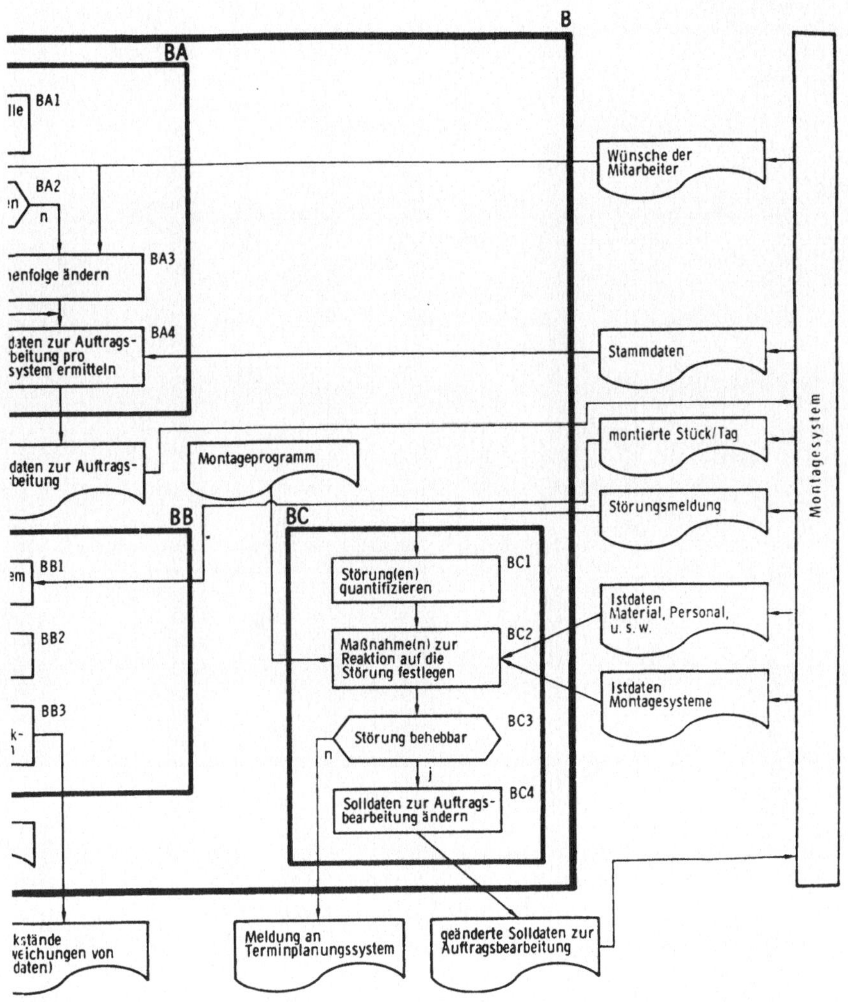

B
BA
lle
BA1
BA2
:n
n
BA3
ıenfolge ändern
BA4
daten zur Auftrags-
'beitung pro
system ermitteln
daten zur Auftrags-
'beitung
Montageprogramm
BB
BC
BB1
em
BB2
BB3
k-
ı
Wünsche der
Mitarbeiter
Stammdaten
montierte Stück/Tag
Störungsmeldung
Istdaten
Material, Personal,
u. s. w.
Istdaten
Montagesysteme
Montagesystem
Störung(en)
quantifizieren
BC1
Maßnahme(n) zur
Reaktion auf die
Störung festlegen
BC2
Störung behebbar
BC3
n
j
Solldaten zur Auftrags-
bearbeitung ändern
BC4
kstände
veichungen von
daten)
Meldung an
Terminplanungssystem
geänderte Solldaten zur
Auftragsbearbeitung

Stufenweise Ableitung eines praktischen Planungssystems für den Entwicklungsbereich
Von R. Hichert. ISBN 3-7830-0149-8.
1978, 151 Seiten, kartoniert. 52,— DM

Produktionsplanung mit Auftragsfamilien
Von U. W. Geitner. ISBN 3-7830-0161.7.
1979, 110 Seiten, kartoniert. 45,— DM

Thermisch-chemisches Entgraten
Von T. Wagner. ISBN 3-7830-0164-1.
1979, 111 Seiten, kartoniert. 45,— DM

Untersuchung der Materialflußkosten bei ausgewählten Systemen der Zentralen Arbeitsverteilung
Von R. Wenzel. ISBN 3-7830-0162-5.
1979, 168 Seiten, kartoniert. 86,— DM

Anpassung und Einführung eines Planungssystems für die Ablaufplanung im Konstruktionsbereich
Von W. Dangelmaier. ISBN 3-7830-0163-3.
1979, 168 Seiten, kartoniert. 80,— DM

Längenmessungen an bewegten Teilen mit berührungslos wirkenden Aufnehmern
Von H. Lang. ISBN 3-7830-0157-9.
1979, 89 Seiten, kartoniert. 42,— DM

Untersuchung multistabiler Strömungselemente und ihr Einsatz in sequentiellen Steuerungen
Von A. Ernst. ISBN 3-7830-0157-9.
1979, 122 Seiten, kartoniert. 48,— DM

Taktile Sensoren für programmierbare Handhabungsgeräte
Von M. Schweizer. ISBN 3-7830-0158-7.
1979, 91 Seiten, kartoniert. 42,— DM

Die rechnerunterstützte Prüfplanung
Von P. Bläsing. ISBN 3-7830-0152-8.
1979, 100 Seiten, kartoniert. 44,— DM

Verfahren zur Fabrikplanung im Mensch-Rechner-Dialog am Bildschirm
Von W. Ernst. ISBN 3-7830-0156-0.
1979, 218 Seiten, kartoniert. 72,— DM

Rechnerunterstütztes Verfahren zur Leistungsabstimmung von Mehrmodell-Montagesystemen
Von M. Görke. ISBN 3-7830-0155-2.
1979, 139 Seiten, kartoniert. 50,— DM

Standortbezogene Betriebsmittel
Von G. Pflieger. ISBN 3-7830-0167-6.
1979, 127 Seiten, kartoniert. 52,— DM

Die betriebswirtschaftliche Beurteilung neuer Arbeitsformen
Von B.-H. Zippe. ISBN 3-7830-0168-4.
1979, 350 Seiten, kartoniert. 98,— DM

Untersuchung des Arbeitsverhaltens programmierbarer Handhabungsgeräte
Von B. Brodbeck. ISBN 3-7830-0169-2.
1979, 117 Seiten, kartoniert. 48,— DM

Untersuchung eines kohärent-optischen Verfahrens zur Rauheitsmessung
Von N. Rau. ISBN 3-7830-0174-9.
1979, 117 Seiten, kartoniert. 48,— DM

Entwicklung einer programmierbaren, pneumatischen Steuerung
Von D. Klemenz. ISBN 3-7830-0171-4.
1979, 93 Seiten, kartoniert. 42,— DM

Diese Berichte sind zu beziehen durch den Krausskopf-Verlag, Lessingstraße 12, 6500 Mainz

IPA Forschung und Praxis

Berichte aus dem Fraunhofer-Institut für Produktionstechnik und Automatisierung, Stuttgart, und dem Institut für Industrielle Fertigung und Fabrikbetrieb der Universität Stuttgart

Herausgeber: Prof. Dr.-Ing. H. J. Warnecke

38 **Arbeitsgangterminierung mit variabel strukturierten Arbeitsplänen — Ein Beitrag zur Fertigungssteuerung flexibler Fertigungssysteme**
Von U. Maier. ISBN 3-540-10213-2.
1980, 111 Seiten mit 45 Abbildungen. 43,— DM

39 **Kapazitätsabgleich bei flexiblen Fertigungssystemen**
Von P. S. Nieß. ISBN 3-540-10372-4.
1980, 151 Seiten mit 57 Abbildungen. 48,— DM

40 **Schichtdickenverteilung auf galvanisierten Paßteilen am Beispiel kleiner abgesetzter Wellen und Bohrungen**
Von D. Wolfhard. ISBN 3-540-10373-2.
1980, 177 Seiten mit 83 Abbildungen. 48,— DM

41 **Planung von Mehrstellenarbeit unter Berücksichtigung von Umfeldaufgaben**
Von S. Häußermann. ISBN 3-540-10374-0.
1980, 136 Seiten mit 59 Abbildungen. 48,— DM

42 **Untersuchungen zur Schmierfilmdicke in Druckluftzylindern — Beurteilung der Abstreifwirkung und des Reibungsverhaltens von Pneumatikdichtungen mit Hilfe eines neu entwickelten Schmierfilmdicken-meßverfahrens**
Von R. Köhnlechner. ISBN 3-540-10375-9.
1980, 100 Seiten mit 38 Abbildungen und 4 Tabellen. 43,— DM

43 **Typologie zum überbetrieblichen Vergleich von Fertigungssteuerungsverfahren im Maschinenbau**
Von G. Rabus. ISBN 3-540-10376-7.
1980, 174 Seiten mit 88 Abbildungen und 21 Tafeln. 48,— DM

44 **System zur Planung des Umlaufbestandes in Betrieben mit Serienfertigung**
Von K.-G. Wilhelm. ISBN 3-540-10377-5.
1980, 142 Seiten mit 67 Abbildungen und 15 Tafeln. 48,— DM

45 **Rechnerunterstützte Arbeitsplanerstellung mit Kleinrechnern, dargestellt am Beispiel der Blechbearbeitung**
Von W. Hoheisel. ISBN 3-540-10505-0.
1981, 169 Seiten mit 74 Abbildungen. 48,— DM

46 **Beitrag zur Verbesserung der Wirtschaftlichkeit EDV-unterstützter Fertigungssteuerungssysteme durch Schwachstellenanalyse**
Von J. Lienert. ISBN 3-540-10506-9.
1981, 148 Seiten mit 37 Abbildungen. 48,— DM

47 **Die Abscheidung von Öl an Entlüftungsöffnungen drucklufttechnischer Anlagen**
Von W.-D. Kiessling. ISBN 3-540-10604-9.
1981, 117 Seiten mit 48 Abbildungen und 3 Tabellen. 43,— DM

48 **Dynamische Optimierung technisch-ökonomischer Systeme**
Von J. Warschat. ISBN 3-540-10717-7.
1981, 132 Seiten mit 60 Abbildungen. 43,— DM

49 **Bildsensor zur Mustererkennung und Positionsmessung bei programmierbaren Handhabungsgeräten**
Von H. Geißelmann. ISBN 3-540-10735-5.
1981, 125 Seiten mit 52 Abbildungen. 43,— DM

50 **Verfügbarkeitsberechnung für komplexe Fertigungseinrichtungen**
Von Ekkehard Gericke. ISBN 3-540-10779-7.
1981, 132 Seiten mit 71 Abbildungen. 43,— DM

51 **Materialflußgestaltung in Fertigungssystemen**
Von Willi Rößner. ISBN 3-540-10888-2.
1981, 149 Seiten mit 76 Abbildungen. 48,— DM

52 **Beitrag zur Analyse der Auswirkungen der Mikroelektronik, dargestellt am Beispiel der Büromaschinen-Industrie**
Von Werner Neubauer. ISBN 3-540-10991-9.
1981, 145 Seiten mit 27 Abbildungen und 47 Tabellen. 43,— DM

53 **Modelle von Informationssystemen zur kurzfristigen Fertigungssteuerung und ihre Gestaltung nach betriebsspezifischen Gesichtspunkten**
Von Roland Gentner. ISBN 3-540-10992-7.
1981, 181 Seiten mit 69 Abbildungen und 7 Tabellen. 48,— DM

54 **Entwicklung von Verfahren zur Terminplanung und -steuerung bei flexiblen Montagesystemen**
Von Jürgen H. Kölle. ISBN 3-540-11227-8.
1981, 132 Seiten mit 64 Abbildungen und 1 Faltplan. 43,— DM

Die Berichte 38 und folgende sind zu beziehen durch den Springer-Verlag, Berlin Heidelberg New York